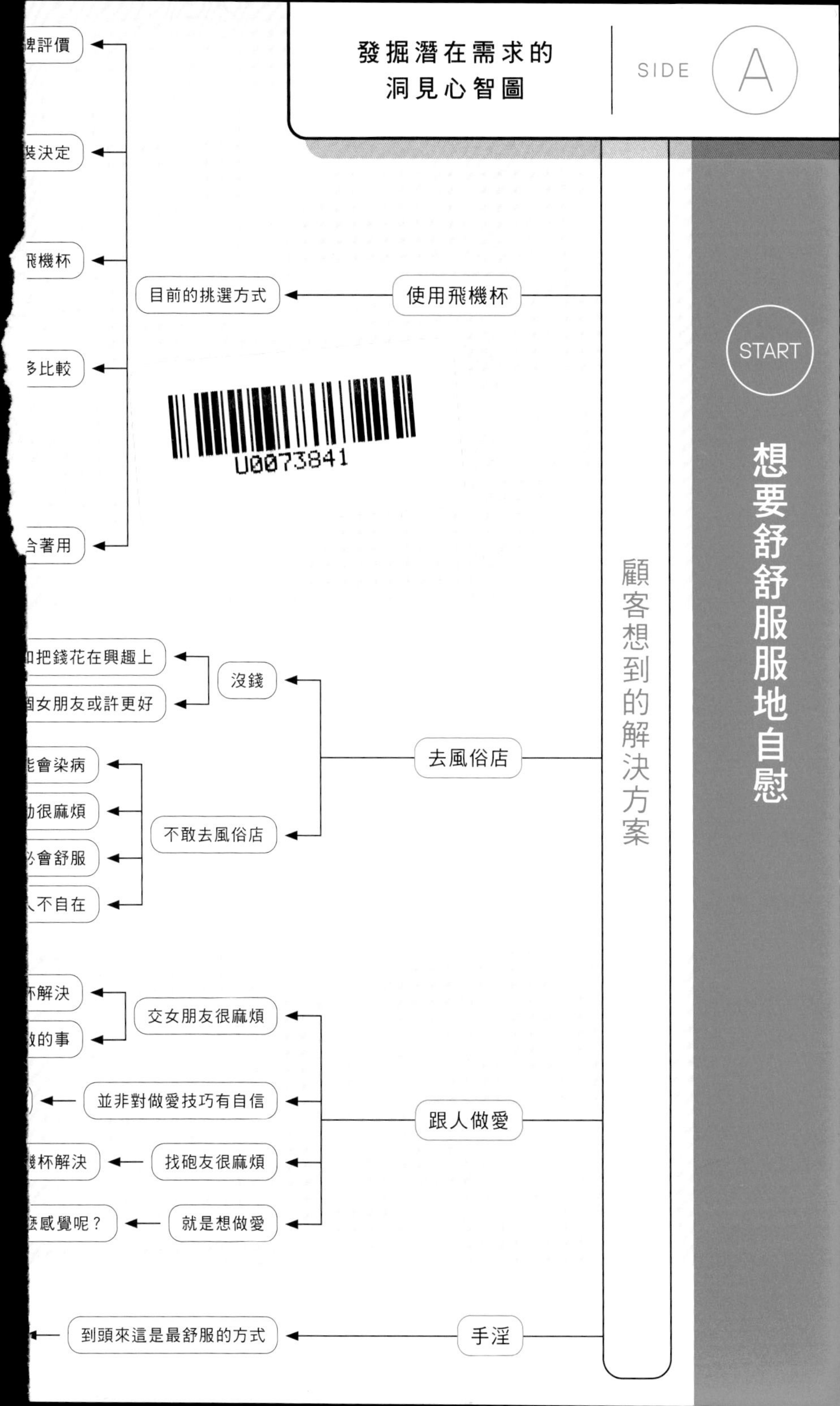

發掘潛在需求的
洞見心智圖
SIDE
A
START
想要舒舒服服地自慰
顧客想到的解決方案
使用飛機杯
目前的挑選方式
牌評價
裝決定
飛機杯
多比較
合著用
去風俗店
沒錢
如把錢花在興趣上
個女朋友或許更好
不敢去風俗店
能會染病
動很麻煩
必會舒服
人不自在
跟人做愛
交女朋友很麻煩
杯解決
做的事
並非對做愛技巧有自信
找砲友很麻煩
機杯解決
就是想做愛
麼感覺呢？
手淫
到頭來這是最舒服的方式

發掘潛在需求的洞見心智圖

SIDE B

START

想要舒舒服服地自慰

現狀

- 沒有用起來舒服的飛機杯
  - 應該有，但找不到
  - 說不定還不存在這樣的飛機
- 飛機杯很貴
  - 如果適合自己又能長期使
  - 目前是買2000～4000
- 用完飛機杯後的空虛感很強烈
  - 在洗手檯清洗時的空虛感
  - 洗好晾乾的畫面很難看
  - 太難找到收納飛機杯的地
  - 就這點來說，拋棄式的T
- 用飛機杯之前要自己倒潤滑液很麻煩
  - 潤滑液得另外買也很麻煩
- 什麼是飛機杯的舒服感？
  - 有著做愛感受不到的刺激
  - 有著手淫感受不到的刺激
- 飛機杯很臭
  - 有塑膠味
  - 還有油味 → 過了
  - 有時會因為太臭而在自慰
  - 會不太想把GG插進飛機

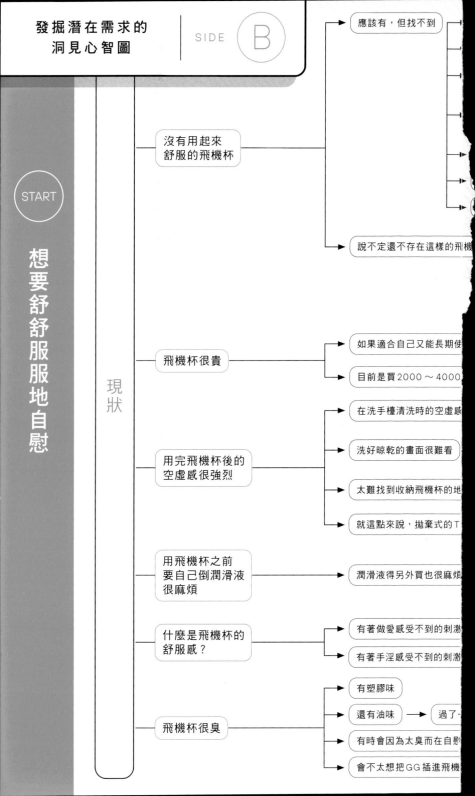

女大生創業，為什麼要賣飛機杯？

神山理子（Rikopin）——著
王美娟——譯

序言

大家好，我是神山理子（Rikopin）。

今年27歲。

我18歲就從事樂曲製作工作，20歲時在新加坡某公司修習網路行銷，曾將某個音樂媒體拉拔至業界第一並且順利出售事業，21歲時創立D2C（Direct To Consumer，品牌直接與消費者進行交易）飛機杯公司，開賣當天就登上亞馬遜（Amazon.com）暢銷排行榜第四名，22歲時成立四個D2C品牌，24歲時順利出售事業。

本書是回顧**當時還在就讀大學、對鹹濕話題很反感的我，第一次創立D2C飛機杯公司時有什麼樣的思慮**。

「為什麼女大生會想賣男用情趣用品呢？」

「身為開發者但卻與目標族群的人物誌（Persona）完全相反，妳是如何理解並獲得顧客洞見（Insight）的呢？」

經常有人這麼問我。

關於這些問題，我都會在這本書中完整說明。

「希望自己無論在哪個領域，都能夠製作出以概念取勝的暢銷內容或物品。」

你有這樣的煩惱嗎？

我相信，一位既是D2C菜鳥又對鹹濕話題反感的女大生，從開發飛機杯到登上亞馬遜暢銷排行榜第四名這段過程中的種種思考過程，以及如何克服當時遇到的障礙等經驗，一定能幫助各位解決煩惱。

在本書的第1章，會談到選擇事業領域的方法與市場調查的方法，第2章介紹發掘顧客洞見的方法，第3章從概念的設計與驗證談到商品設計，第4章解說通路的選擇與亞馬遜行銷，第5章則會提到出售事業的內容。

由於本書是解說「即便在自己並非目標客層的領域，也能找到人們心中真正想要的東西，並且化為自家公司的商品」這一連串的過程，**相信內容應該能對「希望自己無論在哪個領域，都能夠製作出以概念取勝的暢銷內容或物品」的行銷人或新事業開發者有所幫助**。

從被罰閉門思過到努力販賣飛機杯

學生時代，我曾受到停學及閉門思過的處分。

因為我帶著炭烤爐與生鮭魚到自行車停車場打算現烤現吃，結果不小心觸動火災警報器與灑水器（當時我缺錢，每天都自己帶午餐上學，但因為我不喜歡吃冷掉的便當，起先我是帶電子鍋到學校現煮白飯。在學校煮白飯是沒什麼問題，不過帶炭烤爐去烤魚的確很危險，事後我也有深刻反省）。

由於被罰閉門思過，這段期間我也不能去打工。

然而因為跟朋友約好下一個長假要一起去旅遊，需要錢的我便開始**思考窩在家裡也能賺錢的方法**。

起初我把家裡不需要的東西全拿到網拍平臺Mercari上出售。

但是，就算把家裡的東西賣光，也沒辦法賺到需要的金額。

就在我思考「還有沒有東西可以賣」之際，我看到了存放在電腦桌面上、出於興趣製作的DTM音樂（用電腦製作的音樂）。

我把這些檔案當作音樂素材放到網路上販售，結果賣出了好幾個。

注意到**「如果沒東西賣，自己製作就好」**這點的我，開始製作樂曲然後上網販售。

不光是樂曲本身，曲名、封面、縮圖與介紹文等各種變數，我都會針對「想買音樂的人」花心思設計，銷售量因而大幅成長。

除此之外，國中時代自己匿名經營的Ameba部落格，也曾獲得外部排行榜網站的第一名。

當時還是國中生的我，為了請部落格的訪客去該網站投票，也是針對話題的選擇、文章語句、設計、引導訪客去投票的路線等反覆進行小試驗，由此看來我說不定本來就很熟悉網路行銷。

開頭也提到，我20歲時曾在新加坡某公司修習網路行銷。

當時主要學習內容行銷，之後我將自己負責經營的音樂媒體拉拔到業界第一，最後事業以數千萬日圓的價格順利出售。

21歲時跟上D2C熱潮，對鹹濕話題反感的我創立了D2C飛機杯公司，自家商品還登上亞馬遜暢銷排行榜第四名。

22歲時，我又在其他領域成立四個新的D2C品牌，並在24歲時出售事業。目前則是全面學習行銷與事業開發。

另外，我曾登上捕鮪船出海捕魚，也做過分辨小雞性別的打工，還曾吃了一個月長在自家周圍的雜草而瘦了十七公斤。

各位或許會覺得這些事跟經商一點關係也沒有，但我確實有將這些經驗應用在自己的事業上。

關於這些往事我也會在本文中詳細說明。

第2章 讓事業成功的關鍵：洞見發掘方法

這位女大生，尋找飛機杯使用者的洞見

第3章 暢銷商品的概念有何奧祕

這位女大生，製作飛機杯

4 驗證概念

～跟既有商品比較後還是會讓人想買嗎？～……105

番外篇

有助於構思好概念的個人經驗分享……114

第4章

亞馬遜D2C的制勝方法

這位女大生，販售飛機杯

第5章 出售事業
這位女大生，賣掉D2C事業

第 1 章

事業領域的選擇方法

這位女大生，選擇飛機杯領域

20歲那年，因為自己負責經營的音樂SEO媒體賣掉了，我暫時沒有任何該做的工作。

正當我思考接下來要做什麼時，某天與師父喝酒，他對我說：「妳可以開創新的事業呀！」於是，創立新的事業便成了我的下一個目標。

在那之後，我開始尋找事業的題材。

我花了大約兩週的時間進行各種市場調查，但都沒有發現會令我大喊「就是這個！」的題材。

畢竟之前我都待在音樂領域，太過缺乏其他市場的知識與見解。

平常疏於調查與研究的人，即使因為打算在新領域創立事業而突然開始調查與研究，也只是臨陣磨槍罷了。

仔細想想，周遭那些擅長創業的前輩，要麼就是自己的嗜好或興趣範圍很廣，要麼就是擁有許多專精某個領域的朋友，平時就會去瞭解比自己的生活圈還要廣大的市場。

深刻體認到這點後，我開始積極地與「生活圈跟自己不一樣的人」或「在某個領域表現突出的人」見面。

「不如成立一個『雖然工作非常辛苦，但能賺錢的血汗打工人力銀行』吧？」勉強找出市場的我考慮起這種事業，如今想來這真是個十分邪惡的歪腦筋。就在這時，師父用非常輕鬆的語氣提了一個點子：「不然製作飛機杯如何？」

當時的我非常討厭色情的事物。

光是聽到色情的字眼就會想吐，而且一看A片就心悸，我就是這麼排斥色情的事物。

但是，我顧不了那麼多了。

我想開創新事業。

於是我聽從師父的建議，開始調查與研究飛機杯領域。

隨著調查的深入，我發現了一件事。

從各種角度來看，飛機杯領域都是一個火熱的市場。

選擇憑藉著創意來決勝負的領域

～飛機杯與YOASOBI的共同點～

選擇飛機杯領域的原因之一，是**「這個領域容易靠創意取勝，仍有靠概念力進入市場的餘地」**。

換句話說，在該市場熱賣的商品，其優勢並非「具實用性」這種能明確說明的原因，而是「設計很酷」、「沒來由地喜歡」這種源自創意的理由。

只要在這種能讓消費者的五感隱約覺得「不錯」就會熱賣的市場，投入具有明確的「購買理由」與概念力的商品，勝率就會變高。

首先，我到亞馬遜的網站搜尋「飛機杯」。

結果出現一排排印著二次元女孩的動漫風格包裝。

當中還有看似硬翻譯成日文、讓人覺得「這很明顯是中國業者賣的吧」的不明中國製商品。

要買這種東西需要很大的勇氣吧。

但是，這種看不懂在寫什麼的中國製商品在暢銷排行榜上的名次卻很高。

當時我有這樣的預感：這是一個還沒有人進軍的領域。

絕大多數的商品都未明確地強調自己的特色。

畫面上只是陳列著各種畫風的女孩圖案。

看上去簡直就像是風月場所店內小姐的宣傳照。

總之搜尋結果亂七八糟，看得我眼花撩亂。

「看不出差異。大家都是根據什麼標準從這些商品中選購的呢？」

藥妝店販售的化妝品有試用品，但飛機杯卻不能「試用過再買」（能試用的話就有意思了，到時候店裡會誕生不少「共事一杯」的兄弟了吧）。

於是，我決定打電話給每一個「平常會使用飛機杯」的男性朋友。

「你都是在哪裡買飛機杯的？」

「在亞馬遜上隨便買。」

「搜尋之後，不是會出現一堆看起來很相似的商品嗎？你都是怎麼挑選的？」

「看包裝買的。我都是挑插圖合自己胃口的外包裝，沒有多想就買了。」

看包裝買的，意思即是「以包裝作為購買依據」。

可見飛機杯**不是看實用性，而是靠創意決勝負的市場**。

飛機杯的商品數量確實很多，其中外包裝可分成「蘿莉型」、「御姊型」、「熟女型」、「巨乳型」、「貧乳型」、「清純型」、「辣妹型」、「女僕型」、「AV女優」、

「熱門動漫角色」等各式各樣的類型。

不過，雖然包裝細分成各種類型，飛機杯本身的商品特徵卻沒有明確區分。

我有預感，**只要用具備「概念力」這個明確的利益（benefit）與特徵的商品，進軍以「創意力」這種難以言述的藝術性吸引顧客及競爭的市場，就能夠獲得勝利**。

只要用與過去全然不同的武器戰鬥，勝率就會變高（話說回來，我小時候很流行玩打仗遊戲。記得有一次大家都拿報紙捲成的劍互打，我則製作像弓箭那樣的飛行武器進行攻擊，結果獲得了壓倒性的勝利）。

說到以概念力進軍憑藉著創意競爭的市場實例，還有大受歡迎的雙人音樂團體YOASOBI。

過去的音樂市場，正是以音樂性這種「創意力」來競爭。

我認為YOASOBI能大受矚目的成功因素之一，就是用「以小說為題材的樂曲」這個明確的概念，進軍憑藉著藝術性競爭、不容易掌握「如何打動人們的五感」這一評價指標的市場（歌曲本身當然也很棒。抱歉，拿他們跟飛機杯相提並論。我是他們的忠實粉絲）。

除此之外，手機保護殼「iFace」也是一個實例。

過去的手機保護殼市場，顧客往往「沒有多想，只看設計來選擇」，至於iFace則主打強調「好拿、抗衝擊」等機能性的概念，因而暴紅大受歡迎。

我就讀高中時，班上同學絕大多數都是使用iFace的手機保護殼。

靠創意決勝負的市場，顧客大多是「沒有多想就買了」。

就算詢問購買的顧客「為什麼會買這個」，消費者自己也無法明確地回答原因。

包括「不知道怎麼選購」的飛機杯在內，日本情趣用品的市場規模在2019年當時超過2000億日圓。

雖然不知道怎麼選購，但大家還是想要飛機杯，所以一直都是自行摸索並選購這項商品。

只要針對購買理由不明確的顧客，準備能使購買理由變得明確的「概念力高的商品」，就算是新進商品也能增加優勢、提高勝率。

2 選擇能夠「稍微冒險」、「欲望很深」的領域

～用突出的概念殺出重圍～

新進入者若想進一步提高勝率，**選擇「買家願意冒險一下的市場」**也很重要。

如果是購買大型家電這類絕對不想失敗的高單價商品，或是不會頻繁地汰舊換新的商品，大家往往不敢冒險而打安全牌。

這樣一來，無論我們準備了多麼吸睛的概念，比起未知的新品牌，顧客還是更有可能選擇已有實績、讓人放心的老字號品牌。

反之，會讓顧客認為「失敗也沒關係，就來試試這個看起來很有趣的新商品吧」、

會讓他們願意冒險一下的商品類別，就非常適合概念力高的新商品進入挑戰。

此外，如果那是一個「欲望很深的市場」就更好了。

因為欲望越深，顧客為了滿足欲望而願意花費的金額就越高，市場規模也越大。市場規模越大，事業成功時的預期業績越高，因此事業本身的期待值就會升高。

「欲望很深」是什麼意思？

「食慾」、「睡慾」、「性慾」是人類的三大欲望，不過在現代，「尊重需求」的欲望層級似乎比前三者還高。

例如「想受到異性歡迎」、「想讓別人覺得自己『成功』、想受到別人尊敬」、「想讓瞧不起自己的人刮目相看」等欲望。也因為如此，這些訴求常出現在廣告中，深深吸引著現代人。

另外，最近還有從「想得到他人的肯定」此類欲望衍生出來的「想得到自己的肯定」這種欲望。

若用現在的流行語來說，這種欲望就是「自我肯定感」吧。

「與其依賴他人的肯定，自己討自己歡心更好、更能自立」這種觀念，確實變得比以前還要強烈吧。

走進書店，可以看到店內設置了「可增進自我肯定感的書籍專區」，而在「熱門書籍專區」也看得到大量以自我肯定感為題材的書籍（書店是個非常能反映當時趨勢的地方，很有意思）。

「想得到他人的肯定」以男性居多，「想得到自己的肯定」則以女性居多。

俗話說「男人是為了受他人歡迎而打扮自己，女人是為了自我滿足而打扮自己」，會有這種說法或許也是出於這個原因。

換言之，除了「食慾」、「睡慾」與「性慾」外，「獲得他人肯定的欲望」與「獲得自我肯定的欲望（自我肯定感）」，也是相當強烈的欲望以及打動現代人的訴求，市場規模或客單價通常也較容易增加。

舉例來說，有些人會為了換信用卡的顏色而繳交高額的年費。

不消說，等級高的信用卡附帶各種優惠，例如有禮賓接待員提供服務、可以使用貴賓室等禮遇。

不過，信用卡其實還有「一眼就能看出是等級很高的信用卡，只要拿出來付款都是一次炫耀」這種價值。

本來信用卡的目的是不使用現金，以預借方式付款，但現在可以說除了「支付」這種實用價值外，也有滿足尊重需求的價值。

飛機杯是一個看包裝購買、靠創意競爭的市場。同時也是一個大家願意冒險一下、根植於性慾、欲望很深的市場。

換言之，這是一項只要具備「突出的概念」，即便是新進入者的我也有充分勝算的事業。

以下是題外話。

前面推薦大家選擇「讓人願意冒險的市場」與「欲望很深的市場」，其實**「付款者**

與受益者不同人的市場」也是目標之一。

簡單來說就是「付錢的人，與獲得利益的人不是同一人的市場」，用專業術語來說則是「有直接顧客與間接顧客的市場」。

例如補習班與禮物市場。

去補習班上課的人是小孩，付錢的人是父母。

禮物也是，收禮的人與付錢的人不是同一人。

如果自己是受益者，就會考慮價格與受益額是否對等（即所謂的「CP值」），認為自己「用不著買那麼貴」，而在購買商品時有所妥協。

不過，如果是關乎自家孩子的將來，或是祝賀他人、向他人表示敬意的情況，「便宜」這個購買動機的優先程度就會下降。

於是這項事業的客單價就會增加，利潤率也隨之變高。

就算是乍看已經飽和的領域，若將之細分成「送禮用」等目的之類別，說不定仍有可以進入的市場。

選擇存在著「尚未解決的重大煩惱」的領域

～面對未解決的煩惱～

是否有顧客在既有商品上無法解決的重大煩惱，也是選擇領域時的重點之一。

找朋友訪談的過程中，我發現「顧客是看包裝決定要買哪款飛機杯」。

但是，顧客真的滿足於「看包裝購買」嗎？我腦中冒出了這樣的疑問。

「看包裝購買，能挑到真心覺得滿意的飛機杯嗎？」

「沒辦法。實際使用後不是太小，就是刺激太強，幾乎都不適合自己。」

「你買飛機杯是為了得到快感吧？不是想要可愛的外包裝吧？」

「對，我是想用飛機杯讓自己得到快感。」

「既然這樣，與其挑選喜歡的外包裝，看口碑評價再決定不是比較好嗎？」

「畢竟每個人的ＧＧ尺寸與敏感度都不一樣嘛。很多時候就算別人的評價是『用了很舒服』，自己也不見得會覺得舒服。」

沒錯，**如果是過去那種看包裝購買的手法，無法滿足「想用飛機杯讓自己得到快感」這個需求**。

實際的狀況並非「想要可愛的包裝，所以看包裝購買」，而是「因為沒有其他的選擇標準，只好看包裝購買」。

結果，顧客因為沒有明確的購買依據，買到了用起來不怎麼舒服、不適合自己的飛機杯。

由此可得知，飛機杯市場確實存在著「找不到適合自己、用起來舒服的飛機杯」這個顧客「尚未解決的」重大煩惱。

不跟既有商品在同一個擂臺上競爭

另外，對新進入者而言，**「不跟既有商品在同一個擂臺上競爭」**也很重要。

「同一個擂臺」指的，是至今既有商品之間互相競爭的商品特徵指標。

舉例來說，清潔劑的話就是指「洗淨力」，電腦的話就是指「規格」。

如果進行市場調查時，看了既有商品的口碑評價後，若是抱著「既然顧客經常提到洗淨力，那就製作洗淨力強的清潔劑吧！」這樣的想法進入市場，那麼就會與既有的競爭製造商陷入技術力的廝殺。

假如你對自家公司的技術力相當有自信倒是無妨，不過最終還是會發生規格競爭，導致顧客覺得「哎呀，其實我的要求也沒那麼高啦」而離開。

再舉個實例，液晶電視一直在上演像素的競爭，現已到達憑肉眼無法分辨差異的境界，因此像素已不再是顧客在比較與研究產品時會考量的優勢。

顧客已經很滿意目前的畫質，如果還繼續為了在像素規格上取勝而投入技術研發費用，對新進入者而言很容易變成一場不利的戰爭吧。

新進入者應該把「既有商品的盲點、顧客的癢處」視為最大的需求，而不是著重在既有商品之間互相競爭的商品特徵。

4 選擇其他公司難以進入的領域

～盡量不競爭～

選擇其他公司難以進入的領域也很重要，此時**會成為進入障礙的要素有「可以發揮自己的優勢」、「其他公司因遵循法令而無法進入」**等。

以我經營過的音樂媒體為例，我本來就一直在做音樂，此外還透過音樂獲利，有關音樂的知識與熱情也比別人多很多，這些都是我的優勢。

目標是「自己的拿手領域」這點，是新進入時可以考慮的條件。

「喜歡的程度遠超過其他人」的狂熱，在發展事業時會成為超乎想像的強力武器。

這裡的重點在於，喜歡的程度「遠超過」其他人。

如果是「跟其他人一樣喜歡」的程度就無法成為優勢，必須狂熱到其他人都望塵莫及，才能成為可對抗競爭對手的武器。

以飛機杯的市場來說，當時還沒有靠網路行銷獲得壓倒性勝利的飛機杯製造商（最近靠網路行銷起家的D2C品牌變多了，不過在當時的飛機杯市場還沒有靠網路行銷起家的D2C品牌）。

傳統的老字號製造商，絕大多數是「雖然也在網路上販售，但主要的銷售通路是零售店」，有自己的銷售公司。

也就是說，我擅長的網路行銷能夠成為優勢。

此外，情趣用品市場還有一個進入障礙，即「其他公司因遵循法令而無法進入」，也就是說「上市企業」與「考慮上市的企業」無法進入。

因此，雖然市場規模很大，競爭對手卻很少。

為事業擴大時做準備

事業開始成長後，就會出現突破進入障礙（模仿）的企業，因此在構思事業的階段也必須同時思考如何回避這個風險。

在新創企業開拓完市場之後，有可能發生大企業進入市場，靠資本力擊潰新創企業的情況。

但在情趣用品領域，「上市企業」與「考慮上市的企業」本來就不是競爭對象，因此市占率被後來的競爭對手搶走的可能性比一般商品還要低。

「擁有其他公司沒有的優勢」、「其他公司因遵循法令而無法進入」等進入障礙，是思考競爭對策時的重要觀點。

5 選擇製造成本低、容易以高價位賣出的領域

～不受流行或印象影響～

為了要盡可能地減少營運成本，**選擇製造過程單純、製造難度低的領域會更加容易進入**。

飛機杯的製造方法非常簡單易懂，就是「將原料倒入模具裡凝固」。

不同於精密機械或有保存期限的食品，飛機杯要建構從製造到出貨的運作流程並不困難。

再者，容易製造的商品，通常交貨速度也很快。

由於可在最短時間內發售商品，還能加快改良商品的速度，故容易推動PDCA，此外也很適合網路行銷。

尤其容易受到流行影響的商品，發售的速度更是決定勝負的關鍵。

為了避免發生「在企劃階段明明是絕對會成功的市場，卻因為花很多時間開發，到了發售的時候流行已經結束」這種情況，一定要確認交貨速度。

另外，**俗話說「做生意的基本原則，就是低價買入、高價賣出」**，故**是否容易以高價賣出**很重要。

說得更準確一點，是**「就算高價販售也不讓人覺得奇怪」**。

像日用品這類對顧客而言已有一定價格行情的商品，除非順利打造出走高級路線的品牌，否則很容易捲入削價競爭。

舉例來說，如果要賣一卷300元的捲筒衛生紙，知道「捲筒衛生紙的行情頂多一卷10元～30元」的顧客容易覺得「貴」，因此要人掏錢購買的難度就會上升。

反觀飛機杯市場，因為顧客不易想像一般的價格行情，故容易以高價位賣出。

實際上，日本的飛機杯價格行情落在3000日圓左右，而我們公司的商品則賣5000多日圓。

6 選擇有可信賴之銷售通路的領域

～進入初期須藉虎威～

在商品企劃階段，我們也必須事先考慮銷售通路。

因為商品名稱與包裝設計，會隨著銷售通路而有所變化（這個部分會在第3章與第4章詳細解說）。

我並沒有開設自家公司的網站，只以亞馬遜作為銷售通路。

這是因為，亞馬遜本身的會員人數與可信賴度很高，購買率也會隨之增加。

另外，因為顧客已在亞馬遜註冊帳號，購買流程中不存在「註冊會員」、「輸入住址」等離開率高的程序，故購買率當然會提高。

顧客當中也有人是覺得「到官方網站購買很麻煩」，因此就算價格貴一點他們也寧可在亞馬遜購買，而不選擇在官方的電商網站購買。

此外，如果有使用亞馬遜Prime會員的服務，則會因為「在亞馬遜訂購應該會比在官方網站購買更快送達」，而有更高的機率使用亞馬遜訂購商品。

再者，限制級商品也是一個很難讓人在官方網站上購買的商品類別。

畢竟「在成人網站註冊帳號，有可能收到假帳單之類的垃圾郵件」這種負面印象深植人心，考慮購買的人在選擇訂購的網站時會更加謹慎。

此類別的商品只要讓購買人有一點「這個網站很可疑」的感覺，不買的可能性就會變高。

假如不是在自行開設的官方網站上銷售，而是讓顧客有機會在平常使用的亞馬遜網站上購買，就比較容易讓顧客覺得「個資應該不會外洩」而放心訂購。

此外使用亞馬遜物流（全稱為Fulfillment By Amazon，即委託亞馬遜配送商品的服務），可省去包貨與出貨的程序。

雖然要支付亞馬遜銷售手續費，不過以飛機杯來說，考量購買率與營運成本後還是很划算。

應該有人想問：「不能在樂天市場或Yahoo!購物中心販售嗎？」

其實以日本的狀況來說，樂天市場與Yahoo!購物中心是不能出售飛機杯的喔！

這是意想不到的陷阱，提醒各位在選擇銷售通路時，一定要先查看該通路的規範。

選擇沒有經典品牌的領域

～不跟聞名天下的TENGA對抗也能獲勝的方法～

選擇領域時還有一個重點，就是**該領域尚不存在經典品牌**。

因為若有經典品牌，無論概念是好是壞，顧客都會不假思索地購買該品牌。

說到飛機杯，相信很多人都會想到「TENGA」吧。

可見「TENGA」的品牌建構力很強，飛機杯品牌的知名度很高。

但是，TENGA的主力商品是「拋棄式飛機杯」。

「用過一次後，直接蓋上蓋子即可丟棄」的方便性引起回響，在「對飛機杯有點興趣」的輕度使用者，以及將之視為「方便有趣的禮物」的男高中生之間很受歡迎。

不過我發現，在整個飛機杯市場中，「可清洗、重複使用的飛機杯」市占率其實比「拋棄式飛機杯」還要高。

也就是說對飛機杯重度使用者而言，TENGA的拋棄式飛機杯CP值不高，所以才會選擇「可清洗、重複使用的飛機杯」。

這些消費者的基本使用方式，是在家裡囤放幾種「可清洗、重複使用的飛機杯」，然後依照當天的心情挑選喜歡的使用。

此外我還發現，雖然TENGA的知名度很高，甚至有「說到拋棄式飛機杯就會想到『TENGA』」這種說法，但當時尚不存在「說到可清洗、重複使用的飛機杯就會想到它」的經典品牌。

沒有一家既有製造商是以我擅長的網路行銷為武器，在遵循法令的前提之下能夠進入市場的企業也很少。

製造難度比較低，而且尚無經典品牌進軍市場。從上述幾點來看，飛機杯市場是我比較容易進入的領域。

我對色情的事物很反感，而且身為女性的我也不可能成為飛機杯使用者，因此欠缺「喜歡的程度遠超過其他人」這項優勢，不過在其他方面我認為自己有足夠的機會。

選擇領域時不需要符合所有重要條件，只要當作基本標準來看就好。

選擇領域的確認重點

- [ ] 是憑創意競爭的領域嗎？
- [ ] 是顧客願意稍微冒險的領域嗎？
- [ ] 是有強烈欲望的領域嗎？
- [ ] 有該領域既有商品未能解決的顧客煩惱嗎？
- [ ] 是其他公司難以進入的領域嗎？
- [ ] 商品的製造過程單純且製造難度低嗎？
- [ ] 有可能以高價賣出嗎？
- [ ] 有可信賴的銷售通路嗎？
- [ ] 競爭對手中有沒有已建立絕對地位的品牌？

第 2 章

讓事業成功的關鍵：洞見發掘方法

這位女大生，
尋找飛機杯使用者的洞見

事業要成功，不可缺少好的概念。

無論是to B還是to C、又或者是有形商品還是無形商品，全都無一例外。

想要有好的概念就要**「命中好的洞見（Insight）」**。

而「發掘好的洞見」，簡單來說就是**「比顧客更瞭解顧客的心情，代替他們找出連他們自己都沒發現的煩惱」**。

然後，**針對連他們自己都沒發現的煩惱「搶先提供解決辦法」，而這個解決辦法就是概念、就是事業**。

開發新事業時，深入瞭解目標顧客的洞見是一條必經之路。

也就是說，只要看A片就想吐、對鹹濕話題很反感的我，必須深入瞭解色情產業才行。

本章的內容將回顧，「屬性與目標客層完全相反的我」如何發掘飛機杯領域的洞見。

發掘洞見的步驟如下：

①首先要明白「自己或多或少存有錯誤印象」。
②深入挖掘欲望，並將假設列在表上。
③進行訪談的事前準備。
④訪談前半段要專心傾聽。
⑤訪談後半段要驗證自己的假設。

接下來就為大家解說以上五個步驟。

排除錯誤印象

~轉換方向使音樂媒體發展至業界第一的方法~

發掘洞見之前，必須先記住一件事。

那就是**發掘洞見時，「錯誤印象」會成為超乎想像的障礙**。

這裡就跟大家分享我拉拔音樂媒體時的經驗。

我經營過一個介紹日本全國歌唱教室的媒體。

為了使事業成長，某天在討論媒體走向的會議上，我決定重新定義「考慮到歌唱教室上課的人，真正追求的是什麼？（洞見）」。

除了我以外，其他行銷人員的意見是「考慮到歌唱教室上課的人，一定是想『結識異性』。這點完全不需要驗證吧」。

就拿「料理教室　交友」這組關鍵字來說，網路上的搜尋次數確實很多，因此不能排除「使用者期待在學才藝的時候結識異性」的可能性。

但是，就我所知，我身邊喜歡音樂的那些人，都是真心想讓自己進步，而不是為了結識異性才學音樂。

「我周遭的人，與其他行銷人員周遭的人，兩者的屬性有可能不同。」

我這般推測後，決定單獨進行問卷調查。

由於沒有預算，我便自行設計問卷，然後從自己的朋友、經過澀谷車站的路人，以及交友軟體上認識的人當中，找出或多或少有考慮學唱歌的人，請他們填寫問卷。

結果，符合其他行銷人員的假設，即「到歌唱教室上課重視的是結識異性」的人只占全體的2%，「不是想認識別人，反而是想專注面對自己，認真精進歌唱技巧」的人則占98%。

看到這個調查結果，其他的行銷人員都很驚訝地表示：「幸好沒有在未經驗證的情況下直接改走交友路線。」

如果主打「精選十大可認識異性的歌唱教室！」之類的訴求，一定完全無法觸及真的考慮到歌唱教室上課的族群吧。

研究洞見時，我們會不自覺地想像自己身邊的人，建立「顧客一定是這樣的心情吧」這種假設。

但是，我們認定「應該沒錯」的洞見，其實很多時候根本與現實南轅北轍。

發掘洞見絕不能先入為主，請務必進行驗證。

列表掌握顧客欲望的方法

~讓真正的煩惱浮上檯面~

要發現真正的洞見，不囿於錯誤印象相當重要，但這件事比想像中困難。

另外，此時還需要有系統地梳理顧客心中尚未整理好的複雜情感。

要解決這些課題，建議**將洞見整理成一張表**。

將洞見列成一張表的目的，在於「找出藏在他們的煩惱背後、他們並未發現的『真正的』煩惱」。

我們要發現「他們平常認為的理想狀態是什麼，真正的願望是什麼」。以及找出他們為了實現這個理想狀態而想到的「表面的欲望」。

如果他們知道解決「表面欲望」的正確辦法，照理說這個欲望應該早已解決消失，他們也已實現理想狀態而心滿意足才對。

但是，如果欲望還是存在，就表示那是「以他們目前想得到的解決辦法無法解決的欲望」。

因此，我們要列出「他們目前想得到的解決辦法」，再針對各個辦法找出「無法解決的原因」。

這些原因即是更深層的「真正的」煩惱。

之後從中選出「可透過自家公司的事業解決的煩惱」、「對實現顧客的理想影響最大的煩惱」，透過事業來解決煩惱與實現理想。

這時要寫出以下幾點：

表

1. 對他們而言的理想狀態是什麼？真正的願望是什麼？
   → **想要讓喜歡的人注意自己。**

2. 為了實現這個理想狀態，他們的表面欲望是什麼？
   → **想要瘦下來。**

3. 對於第2點的表面欲望，他們目前能想到的解決辦法是什麼？
   → **限醣瘦身法。攝取許多蛋白質。**

4. 使用第3點的辦法仍無法解決的原因是什麼（即「真正的」煩惱）？
   → **就是很想吃米飯。總是因為一口氣吃了很多飯而瘦身失敗。**

1. 對他們而言的理想狀態是什麼？真正的願望是什麼？

2. 為了實現這個理想狀態，他們的表面欲望是什麼？

3. 對於第2點的表面欲望，他們目前能想到的解決辦法是什麼？

4. 使用第3點的辦法仍無法解決的原因是什麼（即「真正的」煩惱）？

接下來要列表整理上述四點。

舉例來說，如果要針對女性開發

新的瘦身商品，整理出來的內容就如上頁列表。

在這個例子中，目標顧客真正的煩惱是「想要可以吃飯又能瘦下來」，因此如果有「可以吃飯，又能靠限醣瘦身成功的方法」，就可以解決目標顧客的煩惱。

例如，添加蛋白粉的米飯就是一種方法。

關於顧客欲望的結構，列成表的話只能寫得很簡潔，但實際的心理過程應該更加複雜才對。

例如，當中或許有這樣的內情：之前嘗試過限脂瘦身法，但是失敗了。看到朋友採用限醣的方式成功瘦下來，覺得自己也適合這種瘦身法。

就算不影響實際的商品開發，也要盡可能深入瞭解目標顧客的思考過程。

這是因為，實際在製作商品網頁時，必須像算命師一樣猜中目標顧客的想法，才能向目標顧客提出正確的訴求。

簡單來說就是「從顧客的角度去思考」。

表

1. 對他們而言的理想狀態是什麼？真正的願望是什麼？
   → **想透過最舒服的自慰來滿足性慾。**

2. 為了實現這個理想狀態，他們的表面欲望是什麼？
   → **想找用起來舒服的飛機杯。**

3. 對於第 2 點的表面欲望，他們目前能想到的解決辦法是什麼？
   → **參考口碑評價。**

4. 使用第 3 點的辦法仍無法解決的原因是什麼（即「真正的」煩惱）？
   → **參考他人的口碑評價後，仍不曉得是否適合自己的 GG 形狀。**

更進一步來說，最好還能瞭解「目標顧客的語言、詞彙」。

因為**使用的詞彙若跟目標顧客一樣，就更容易打動目標顧客的心**（請試想一下。當你跟其他業界的人交談時，如果對方使用你不熟悉的字眼，是不是會因此分心，沒辦法好好將對方說的話聽進去呢？）

順帶一提，我整理飛機杯使用者洞見的內容如上表。

實際上要整理到這個程度需要蒐集許多資訊。

如果是「自己就是目標客層」的市場，應該比較容易汲取洞見吧。
不過，自己認為有機會的市場，未必為「自己就是目標客層」的市場。
因此接下來要進行的動作就是訪談。

3 挖掘顧客真心話的訪談步驟

～從準備到執行的所有過程～

想更精準地瞭解顧客的欲望，最重要的就是實施「n＝1（單一樣本）的訪談」。

這是因為，一旦遠離n＝1，產生的點子只會是整體的最大公約數，最後思考就會變得短淺。

徹底探究「打動一個人的概念」，才能從之中產生獨特性高的點子，最終獲得許多人的支持。

因此，商品開發者應該直接進行訪談，近距離感受及深入瞭解n＝1。

以我為例，當時因為沒錢委託調查公司，而且自己問絕對比較快，所以全部的工作都由我一手包辦。

以下就來介紹我做了哪些事。

是不是直接找人來進行訪談就好呢？倒也不是如此。

訪談前的準備（調查）也很重要。

① 事前準備

實施訪談前需要做的準備，就是**「事先瞭解他們的世界觀」**。

他們的共通認知是什麼？知道什麼樣的資訊？不知道什麼樣的資訊？

他們會達到目前的狀態，可能有什麼樣的背景因素？

他們的「這個圈子常有的事」是什麼？

事先掌握這些資訊，可避免訪談時提出「無關緊要的問題」。

訪談的目的在於「在有限時間內，釐清單靠查閱書籍、上網搜尋、向大眾進行問卷調查等方式無法深入探究的、更細微的部分」，因此能夠自行調查掌握的部分應該事先弄清楚。

想在訪談中得到「好的回答（資訊）」，就該問「好的問題」，為此至少要先擁有跟目標顧客同等的資訊量，這點很重要。

（補充一下，這個「世界觀的理解」會隨著事業的發展而加深，因此不可能一開始就全都掌握清楚。一再地實際進行 n＝1 訪談與商品開發、銷售、顧客應對後，理解就會變得更加深入。）

我為了瞭解飛機杯使用者的世界觀，所做的準備如下：

1　調查既有的競爭商品

我調查了當時在市面上流通的所有商品。

什麼是最暢銷的商品？
什麼是第二暢銷的商品？
反之，什麼是不暢銷的商品？
什麼是曾經紅極一時的商品？
什麼品牌的商品陣容豐富？
有走高級路線或低價路線的商品嗎？
整個市場共通的商品特徵是什麼？
既有商品有什麼好評價與壞評價？
有交叉銷售的商品嗎？

接著，逐一調查每個商品，盡可能掌握這些商品是如何配銷的。

舉例來說，配銷通路有亞馬遜、自家公司的電商網站、Mercari、唐吉訶德（Don Don Donki）的限制級專區、澀谷後巷裡的情趣商店、型錄郵購、免費發送、禮物企劃。

我是**以「成為全世界最瞭解飛機杯的人」為目標進行調查**，要讓自己達到「如果有人找我諮詢自慰的問題，我能夠立刻推薦那個人合適的飛機杯」這種狀態。

抱著這種決心吸收商品的相關資訊後，就有辦法將大量的商品分門別類。

當自己能夠以各種角度將商品分門別類後，自然就看得出來大家在購買商品時是以什麼為優先考量、購買族群可能有什麼樣的特徵。

商品類型與顧客特徵等不勝枚舉，以下就簡單舉幾個例子。

飛機杯主要有以下幾種類型：

○拋棄式與可清洗重複使用型

↓出於好奇想要使用的族群／想要長期使用的族群

↓不在乎CP值的族群／在乎CP值的族群

↓不想被同住人發現、想在使用後立刻丟棄飛機杯的族群／獨自生活、不排斥將飛機杯放在家裡的族群

↓排斥清洗自己用過的飛機杯的族群／不排斥的族群

○偏硬的類型與偏軟的類型

↓追求強烈刺激的族群／追求柔軟度的族群

↓只要有舒服的刺激就好的族群／下意識追求女性性器逼真度的族群

↓只要有舒服的刺激就好的族群／擔憂習慣強烈刺激會導致自己晚洩的族群

↓為了改善晚洩或早洩，想階段性使用硬式飛機杯／軟式飛機杯的族群

○動漫風格包裝與AV女優包裝

↓看到動漫圖案會興奮的族群／看到現實中的AV女優相片會興奮的族群

↓不在乎內部構造的族群／會對重現真實人物陰道的飛機杯興奮的族群

如同上述的例子，我們可以發現無數個能作為「顧客矩陣的軸」的類型。越是能釐清「飛機杯的圈子裡有這種類型的人，也有那種類型的人」，對世界觀的理解就越深。

2　獲得他們平常觀看的資訊

顧客平常觀看的資訊，也要盡可能事先掌握。

要獲得資訊，建議先從每天早上察看他們平常使用的媒體開始做起（當然，瀏覽過去的網頁存檔也是有效的做法）。

以我為例，當時我就像上班族看早報那樣，每天察看成人網站ＦＡＮＺＡ、Twitter（現改名為Ｘ）、網路論壇２ｃｈ的討論串、色情雜誌、色情漫畫、色情小說等。

一個女大生每天早上七點就到空無一人的辦公室，獨自觀看A片新作。有人來上班時我就趕緊關掉瀏覽器，幾次下來，我非常能夠體會男高中生害怕爸媽闖進房間的心情。

另外，我也體驗過好幾次實際購買飛機杯的過程。

我研究亞馬遜、情趣商店、唐吉訶德等各種通路，努力思考「他們真要購買時會蒐集什麼樣的資訊，然後在哪裡購買」。

獲得資訊的途徑五花八門，例如有人是在X上搜尋感興趣的商品名稱，有人是在Google搜尋「飛機杯　熱門」這組關鍵字，有人是觀看2ｃh的討論串，有人則是觀看成人雜誌的情趣用品特輯。

對了，現在的年輕人好像會用TikTok搜尋想去的餐飲店。但是會在TikTok搜尋「飛機杯」的人應該少之又少吧。

考量所有的可能性後，我透過所有想得到的途徑一個不漏地蒐集所有資訊。

在反覆蒐集資訊的過程中，我不只能夠得知「這個圈子常有的事」，也自然而然增加自己對色情事物的抗性。

3 獲得他們平常發布的資訊

接下來，為了獲得他們的真實意見，就要蒐集他們平常發布的資訊。這麼做是為了具體想像「他們平常在哪裡出沒、採取什麼樣的生活型態」。

他們平常都在哪裡交流？

可能過著什麼樣的生活？

當時我主要是察看２ｃｈ的討論串、亞馬遜的飛機杯評價，以及X的私密帳號（指主帳號以外的匿名帳號，多用來發布私密內容）推文等。

偶爾也有人會在部落格上發布資訊，但文章大多是「發給外人看的」，故發表意見時基本上都會維持一定的形象。

反觀**討論串、口碑評價或X等能夠隨意留下意見，因此他們很有可能會在此吐露真心話**。

另外還有個好處是，能夠掌握這個圈子會使用的、獨特的共同語言等資訊。**這些「這個圈子常有的事」，在製作商品著陸頁（Landing page，點擊廣告後進入的網頁）時非常有幫助。**

當時我從這些資訊得知了兩件事：「目前沒有伴侶、厭倦手淫而開始使用飛機杯的人似乎很多」，以及**「飛機杯的重度使用者圈內流傳一種稱為『覺醒』的現象，即頻繁使用飛機杯會導致材質劣化變軟，使用起來反而更舒服」**。

對於「覺醒」一詞，我最先冒出的想法是「好色喔」。

接著，「調教飛機杯」這個印象在我的腦海中閃過。

4 瞭解他們嚮往的狀況與害怕的狀況

最後，調查他們嚮往的狀況。

因為他們嚮往的狀況，能夠成為得知洞見表中「1．對他們而言的理想狀態是什麼？真正的願望是什麼？」的線索。

另外，調查「他們害怕的狀況」也有幫助。

有時將這個狀況反過來看，同樣能作為得知「1．對他們而言的理想狀態是什麼？真正的願望是什麼？」的線索。

分析之後得知，飛機杯使用者嚮往的狀況有「女生順從地變成自己喜歡的樣子」，以及「雖然平常會使用飛機杯，但也想要享受真實的性愛樂趣」。害怕的狀況則有「不想被家人或朋友發現自己在用飛機杯」、「不想買到不適合自己的飛機杯，結果得一直重買」、「使用後把精液洗掉、在房間裡晾乾時覺得空虛」等。

當時，我是將「女生順從地變成自己喜歡的樣子」這個嚮往的狀況，以及「不想買到不適合自己的飛機杯，結果得一直重買」這個害怕的狀況納入考量，針對這兩點來設計商品。

關於這個部分，第3章會再詳細解說。

② 尋找訪談對象

做完一定程度的事前調查後，接著就來尋找訪談對象。

首先將可能成為目標顧客的人分眾，決定「找什麼樣的人比較好」。

分眾有各式各樣的角度，如果是「對市場不熟，想先增加瞭解程度」的人，建議針對商品做以下的分類：

・接下來考慮購買的人

・現在也在使用的人
・以前用過的人（現在沒有使用）

當時我將訪談對象分成三大類：
・對飛機杯有興趣的人（接下來考慮購買的人）
・目前有使用飛機杯的人（現在也會購買的人）
・用過飛機杯的人（因某個緣故而不再使用的人）

向「對飛機杯有興趣的人（接下來考慮購買的人）」詢問「為什麼還沒買」，可以得知購買的心理門檻。

也能藉此構思解決「為什麼沒買」這個原因的訴求，所以還有另外的好處就是製作商品著陸頁時，比較容易想到該用什麼訴求來促進購買。

如果是「目前有使用飛機杯的人（現在也會購買的人）」，就不難問出購買時的挑選方式或使用時的困擾等。

這是設計新商品或建立概念時的線索。

如果是「用過飛機杯的人（因某個緣故而不再使用的人）」，只要詢問「為什麼不再使用」，即可知道既有商品的問題點，能夠運用在新商品的設計上。

n＝1訪談的好處，就是可以深入挖掘洞見。

我當時的目標，是盡可能多做幾次深度訪談，深入瞭解各種目標客層，讓自己能夠分辨「哪個意見是多數派，哪個意見是少數派」。

話雖如此，就算我大喊「目前有使用飛機杯的人～～～！有問題想請教您～～～～！」大家也不好意思舉手吧。

要是在澀谷站前的十字路口詢問路人「請問你有使用過飛機杯嗎？」八成會被警察逮捕。

雖然連要找訪談對象都很困難，不過試了各種方法後，我總算成功找到將近100人進行訪談。

例如透過社交軟體Tinder約男性出來請他吃飯順便問問題，或在社群網站建立一個帳號扮演「性慾很強的男人」尋找同好，甚至拋開羞恥心詢問朋友。

另外，我還根據「客群大多為泡在網路世界的宅男」此一假設，看了許多發布在2ch系列網路討論板上的資訊。不光是直接談論「飛機杯」話題的討論板，連「交到女友的方法」、「舒服的自慰方法」、「自己在家也可以做的娛樂推薦」等跟飛機杯沒什麼關聯的討論，我也全都看過。

總之要完全把自己當成他們，從他們的角度瀏覽網路資訊。

此時該注意的是，**要選擇「對象平常會逗留、有可能吐露真心話」的地方**。

以飛機杯為例，因為有「對象似乎會看2ch」這個假設，我才會去瀏覽2ch系列的網路討論板。

如果主題是中年女性的瘦身，我就會去瀏覽女性用的社群平臺Girls Channel吧。

如果我是adidas的行銷專員，應該就會瀏覽LINE社群的運動相關社群。

我還寄了一百種既有的飛機杯給男性朋友，請他們全部試用看看，並請他們說明

「哪一款飛機杯比較好」、「為什麼覺得好」。

我總不能現場觀察他們的使用情形，所以也曾請他們在使用時透過電話實況轉播。

聽著朋友從電話另一頭傳來的喘氣聲，我在心裡吐槽自己：「這是在幹嘛啊？」不過，此時能確實聽到朋友「使用時的真心話」，因此這是發掘洞見的好時機。

當你對市場的瞭解達到一定的深度後，建議接著建立假設，分眾進行訪談。

當時我針對目前有使用飛機杯的族群，建立了「目前沒有特定伴侶、厭倦手淫而開始使用飛機杯的人應該很多？」這個假設。

找「目前沒有特定伴侶、有在使用飛機杯的人」進行訪談深入調查後，我發現了「自己不曾有過特定伴侶，也沒有做愛經驗，所以想藉由『插進洞裡』來模擬做愛」這個洞見。

從這個洞見來看，相較於「刺激感十分強烈的飛機杯」，「構造接近女性性器的飛機杯」似乎更有需求吧。

找「沒有做愛經驗的族群」進行訪談後，也要**找相反的族群進行訪談**。

詢問「做愛經驗豐富的族群」後發現，他們雖然很注重性快感，但對飛機杯完全沒興趣。

原因是「追求女性、與對方一同度過做愛這段享受快感的時光很快樂，使用飛機杯的話只是給予自己刺激，無法得到愉悅感」。

實際請他們使用飛機杯後，許多人都給予「用完之後，在洗手檯清洗用過的飛機杯時有很強烈的空虛感……」這種負面意見，可見「喜歡做愛的人對性很感興趣，因此一定也會喜歡飛機杯吧」這個假設是錯誤的。

（題外話，已婚者也是令人意外的目標客層。聽說他們是在配偶懷孕後，取得配偶的同意，在這段期間用飛機杯來處理性慾。這是非常特殊的例子，母數很少，故不適合商品化，不過這讓我深刻體認到，洞見就藏在令人意外的地方呢。）

於是我決定，訪談對象以「性經驗不多的人」為主。

③ 訪談前半段的做法

訪談前半段要**不斷地問「為什麼」**，深入挖掘對方的想法。

首先，常用的開場白問題有：

「為什麼想買飛機杯？」

「平常購買時是以什麼為選擇標準？」

「平常都在哪裡購買？」

「為什麼會買這個？」

「為什麼不買這個？」

「平常花多少預算在飛機杯上？」

接下來就是**不斷地問「為什麼」**。

向「買過飛機杯」的人進行訪談

「為什麼會買這個呢？」

「因為外包裝很可愛。」

「為什麼？哪裡可愛呢？」

「包裝上的動漫女角很可愛。」

「為什麼？」

「因為看起來很清純。」

「為什麼覺得清純比較好呢？你買的是飛機杯，應該跟這點沒關係吧？」

「這麼說起來的確是無關。可能是因為，看到包裝是熟悉的畫風或喜歡的女生類型會讓人安心。」

「的確，如果飛機杯的外包裝是《賭博默示錄》畫風可能就買不下去了。」

大概就是這種感覺。

並不是用咄咄逼人的方式問個不停。

起初受訪者有可能不明白問題的意思，無法精準地回答，所以在訪談時要一步一步慢慢地挖掘。

一直追問下去，**對方也會發現「哎呀，前面的回答可能只是隨便說說，這個才是真心話」**。

想精進提問技巧的人，建議可以一併學習「傾聽能力」與「教練法」。

訪談時的重要心態

我最重視的是「真心對受訪者感興趣」。

訪談期間我心裡想的，不是「要問出可能有益於商品開發的資訊」，而是「我真的很想知道這個人的想法，就算對自己沒幫助也無妨，總之現在我對這個人很感興趣」。

如果只想問出可能有幫助的資訊，就會不小心提出誘導式的問題。

若想找出「連當事人都沒發現的洞見」，我們應該要收集那個人不經意吐露的真心

話。要讓對方不經意吐露真心話，就要重視只有在對那個人感興趣時才會注意的著眼點。此外，表現出「這個人對自己感興趣」的安心感也很重要。

因此，我都很努力要自己「真心對受訪者感興趣」。

我認為能夠欣賞對方價值觀的人，相當適合從事行銷工作。

「能對他人感興趣」是一種才能。

不過，「難以對他人產生興趣」的人也請放心。

只要在訪談的事前準備階段好好地調查那個市場，應該就會自然湧現一定程度的興趣與疑問。

反之，如果對訪談對象不感興趣，也完全沒有疑問，則代表調查不足。

這種時候，建議重新調查一次（此外也建議閱讀有關傾聽能力的書，學習訪談技巧。只不過，這些書的結論大多也是建議「要對對方感興趣」……）。

訪談時必須注意的是，「人會視情況講真心話與場面話」。

當事人也有可能不自覺地講場面話。

那並非洞見，因此訪談時，**重點是要在傾聽的同時思考「他是真的這麼想嗎？」**為了避免這種情況，我常會問對方：**「說真的，你對於〇〇有什麼想法？」**對方聽了也會有心理安全感，覺得「啊，看來用不著在意別人的目光吧」、「就算聽到我的真心話，這個人應該也不會嚇到吧」，於是會比較容易問出真心話。

運用心智圖深入挖掘洞見

我常製作心智圖，這是進一步深化洞見的訣竅之一。

目前有許多繪製心智圖的工具，我都是用MindMeister來製作。

心智圖可將資訊排成樹枝狀，因此有助於分類數量龐大的資訊並建構系統。推薦大家使用心智圖整理人類的複雜心理。

我將自己繪製的一部分心智圖放在本書開頭的拉頁，敬請參考看看。

在這個階段，我們要做的就是深入挖掘對方的內心，將對方的所有想法都寫下來，無論能否用於實際的概念設計都沒關係。

我們要不斷地問「為什麼」，並檢驗事前準備所做的調查內容是對是錯。

如果訪談進行得不順利，通常是因為調查量不足，問了無關緊要的問題。

這種時候，建議重新調查一次。

④ 訪談後半段的做法

訪談的後半段，**要根據聽完的內容建立假設，然後進行驗證**。

也就是「對方這麼說（事實）」，因此推測「看來他的內心是這麼想的（假設）」，然後當場向對方確認（驗證）。

例如以下的情況：

向「對飛機杯有興趣，但沒買過的人」進行訪談

「為什麼你不使用飛機杯呢？」

「我本來就有點晚洩，所以怕自己如果太常使用飛機杯的話，正式上場時會射不出來。」

「如果飛機杯很接近真正的女性性器，是不是就不怕了？」

「啊～～，這樣或許不錯呢，而且應該也能改善晚洩問題。」

（其實這場訪談催生出新的飛機杯商品。這件事稍後再談。）

就算是妄想程度的白痴假設也ＯＫ。

重要的是必須驗證，確認是對是錯。

就算是妄想程度的假設，也有可能出乎意料地符合對方的真實想法。

如果假設是對的，對方會說「那個真的很〇〇～！」表現出「說中了」的反應，因此馬上就看得出來。

反之，如果是「啊——，或許是吧……？」這種反應就很難判斷了。

這時就要不斷地問「你認為哪個部分不對？」以及「為什麼？」

經過上述步驟找出來的飛機杯使用者的煩惱與真心話如下：

「不知道如何挑選適合自己的飛機杯。」

「購買前不能實際摸摸看，無法確定材質的柔軟度，內部構造也得實際購買使用後才會知道舒不舒服。」

「飛機杯的口碑評價不可靠。每個人的GG尺寸、形狀與敏感點都不一樣，就算大家都說『好用』也未必適合自己。」

「購買之前，沒辦法判斷『用起來是否舒服』。」

另外，一個飛機杯要價數千日圓，因此也有好幾個人表示：「本來期待可以清洗重複使用很長一段時間，結果用不了多久就壞掉，覺得CP值不高。」

發掘洞見的確認重點

- [ ] 是否對顧客的需求存有錯誤印象？
- [ ] 是否有將目標顧客的複雜心理可視化？
- [ ] 訪談前是否做好了充分的調查？
- [ ] 有沒有找到極有可能成為顧客的人？
- [ ] 有沒有認真面對眼前的顧客？
- [ ] 是否有辦法在訪談中驗證假設？

第3章

暢銷商品的概念有何奧祕

這位女大生，製作飛機杯

進行市場調查與訪談找出洞見後，終於要開始構思商品概念。

D2C事業能否成功，取決於商品概念，這麼說一點也不為過。

本章就來為大家介紹，暢銷商品的概念有著什麼樣的奧祕。

建立商品概念的步驟如下：

①從眾多洞見選出一種，構思作為解決辦法的概念。
②構思商品名稱。
③構思廣告標語。
④驗證這個概念是否會熱賣。

我先以自己製作的飛機杯為例，為各位講解什麼是好的概念。

接著介紹如何取個能熱賣的商品名稱、如何想出能吸引顧客的廣告標語，以及驗證概念的方法。

另外，構思概念需要基於洞見的發想力。

要鍛鍊發想力，平常就需要吸收各種資訊與知識。

因此，我也會介紹一些在我創業時派上用場的經驗。

1 什麼是好的概念？

～如何讓人說出「這正是我想要的商品！」～

進行訪談的過程中應該會發現各式各樣的洞見吧。

接下來要從中選出「尚未解決的重大煩惱」，從尚未解決且嚴重度高的洞見開始探討，想一想能否為該煩惱提供解決辦法（概念）。

「不知道如何挑選適合自己的飛機杯。」

「本來期待可以清洗重複使用很長一段時間，結果用不了多久就壞掉，覺得CP值不高。」

「飛機杯使用者圈流傳一種稱為『覺醒』的現象，即重複使用後材質會劣化變軟，使飛機杯用起來更舒服。」

（調查之後發現，這是添加某種特殊材質的飛機杯會發生的現象。）

我以這些資訊為靈感，製作了上圖的飛機杯，結果比我預期的還要受歡迎。

這款飛機杯通稱為「可調教的飛機杯」。

我提出的概念是「材質會隨著使用而變形、越用越契合自己GG的養成型飛機杯」，當中隱含著「無論是

商品名稱：「淫亂覺醒～我想變成『你愛的樣子』～」
概念：「材質會隨著使用而變形、越用越契合自己GG的養成型飛機杯」

誰，只要購買這款飛機杯就不會出錯」、「因為是以調教為前提，可以用很久」等訊息，因此能打中有這些煩惱的人。

起初我考慮推出GG版ZOZOSUIT，以提供「個人化飛機杯」，但目標顧客應該不會願意把自己的GG資料傳送給企業吧，所以最後才改為製作這款「可調教的飛機杯」。

（註：ZOZOSUIT為日本電商ZOZOTOWN於2017年推出的服務，消費者只要使用特殊的3D人體量測衣及手機應用程式進行量測，電商即可取得各種尺寸數據來推薦商品，讓消費者無須試穿也能買到合身的服裝。）

飛機杯發售之後，我在社群網站上獲得了「沒錯，這正是我想要的商品！」這樣的回應。

我認為這句**「沒錯，這正是我想要的商品！」是概念大獲成功的證明**。

什麼是好的概念？

什麼是「好的概念」呢？

首先「性質條件」有：

1. 可以解決目標顧客尚未解決的煩惱

2. 市場上尚不存在主打相同概念的商品

接著，「表現條件」則有：

1. 能夠立即得知商品的最大特徵，以及商品帶來的使用者利益

2. 可用一句話表達（要簡單明瞭）

概念跟廣告標語完全不同。

廣告標語的目的是「動聽」、「不惜刪減資訊也要讓人留下印象」；**概念的表現目的則是「簡單明瞭地傳達商品的優點與利益」**。

所以，概念的表現不必講求酷炫好聽。

用一句話傳達商品的資訊才是第一優先。

想出這款「可調教的飛機杯」時，老實說……我確信「絕對就是這個！」（笑）。

但是，最低生產批量頗多，萬一失敗就完蛋了，所以我決定仔細驗證概念。

2 如何創造「能夠熱賣的商品名稱」

~用商品名稱傳達概念~

1 用商品名稱表達商品概念

為了儘早向顧客傳達商品的優點，我的商品名稱也包含了概念元素。

概念是指**其他商品沒有的、這個商品的最大優勢**。

顧客在購買過程中的比較與考慮階段，大多不會仔細閱讀商品說明，所以需要儘早告訴顧客商品的概念。

要讓顧客光是聽到商品名稱，就能大致推測「啊，是不是這樣的商品呢」。

舉例來說，像「Ikinari Steak」這個店名就非常簡單易懂（註：「Ikinari」為日文，意思是沒有預兆、突如其來，指省略前菜直接吃牛排，臺灣分店也直接使用此店名）。此店名即是向「想跟吃拉麵一樣輕鬆吃牛排」的人，傳達這家牛排館的特徵：「我們本來就只提供牛排，所以想吃就能馬上吃到喔！」

最近在Uber Eats之類的外送平臺上，將商品特徵反映在店名上的店家也變多了，例如「為什麼要在蕎麥麵裡加辣油」。

瀏覽列出來的店名時能夠立刻知道店家的特徵，如此一來就容易被顧客選上。

我支持的D2C無鋼圈內衣專賣品牌「BELLE MACARON」，旗下商品「24h bra」也是簡單明瞭地表達「能夠穿24個小時的舒適內衣」這項特徵。

另外，小林製藥也有許多商品是使用直接且非常好懂的名稱來表達概念，各位可以作為參考。

例如，退燒或冷敷用貼片「小林退熱貼」、覆蓋傷口提供保護作用的液體ＯＫ繃「創護寧」、清洗眼睛髒汙的洗眼液「安瞳」、舒緩肌肉痠痛的藥液「安摩樂」等。

我非常喜歡的YouTube頻道「想太多的人」，也是統一使用就算不播放影片，光看影片一覽就能想像「這個頻道的影片主題是觀看動畫之類的作品時，如果想太多會怎麼樣」的表現方式。

如同上述的例子，用商品名稱來表達概念，可讓有煩惱的人在比較與考慮階段不易錯過商品，並且容易選擇這個商品。

②利用與既有的競爭商品「不同的命名模式」來製造強烈印象

若是想以商品名稱吸引目光的話，採用與既有的競爭商品「不同的命名模式」也很有效。

例如我使用「不一樣的文字組成」來取名。

當時的飛機杯市場，既有的競爭商品名稱大多使用日文片假名，因此我所企劃的新商品「可調教的飛機杯」採用四字詞語命名模式，將商品名稱取為「淫亂覺醒」。

前例的「為什麼要在蕎麥麵裡加辣油」蕎麥麵店也一樣，傳統的蕎麥麵店大多叫做「〇〇屋」或「〇〇蕎麥麵」，這家店則刻意採用「不同的命名模式」以一句話當作店名，使店名更容易吸引顧客的目光。

此外，疑問句是廣告標語常用的技巧，拿來當作店名，能取出令人印象更加強烈的店名。

在為商品取名時，往往會使用「類似那種感覺的商品名稱」。但是所謂的「那種感覺」，是眾多競爭商品建立至今的文化，因此取出來的名字就會跟競爭商品很相似。

縱使自己辛辛苦苦建立一個不同於競爭商品的好概念，要是湮沒在競爭商品裡依然不會被顧客看見。

想要被顧客選上，別忘了刻意採用跟過去「不同的命名模式」，讓商品在貨架上顯得更醒目一點。

3 吸引顧客的廣告標語設計法
～如何讓顧客產生期待？～

1 不要偏離概念的主旨

廣告標語的目的，在於**用順口好記的標語傳達概念的主旨**。

此時常犯的錯誤，就是偏重於留下印象，忘了「傳達概念的主旨」這個本來的目的，結果設計出大幅偏離概念的標語，這點要格外注意。

舉例來說，能量飲料的標語若是寫「滋潤喉嚨」就不恰當了。能量飲料是用來提升顧客的表現。

並不是像礦泉水那樣用來「滋潤喉嚨」，因此使用這種標語並不適當。

各位看了或許會笑說「怎麼可能會犯這種錯誤」，但真要設計標語時，很容易因為想要「用令人印象深刻的方式傳達」而陷入這個陷阱。

② 摻雜顧客期待的理想目標

另外，**廣告標語要摻雜顧客期待的理想目標**。

首先要定義**「使用這項商品的顧客，最後要處於什麼樣的狀態才是最好的」**。

就像《想賣鑽頭就得賣孔》（日文著作，佐藤義典著）這本書的書名所傳達的意思，顧客要買的不是那個東西本身（鑽頭），而是「拿到那個東西後可以獲得的好處（孔）」。

以飛機杯來說，「讓自己覺得舒服」是顧客期待的理想目標。

有些商品也可以**進一步定義未來的目標再加進廣告標語裡來達到效果**。

以洗髮精為例，使用洗髮精（鑽頭）可以獲得的好處（孔），不只「擁有亮麗的頭髮與健康的頭皮」，還有「髮型變得好看，受到異性歡迎」、「髮根變得強韌不用擔心掉髮，讓每一天都過得更開心」等。

當然，若使用和商品相差太遠的目標會造成反效果。

不過，定義目標顧客，將他們期待的理想目標摻雜到廣告標語裡，可讓他們產生「這項商品知道我在追求什麼！說不定只要購買這項商品，我的生活就會變得更美好」這種期待感，吸引他們的目光。

③ 就算得減少一點資訊，也要一次就引起注意

好的廣告標語是使用能一次就引起觀看者注意的表達方式，呈現「與其他商品的不同之處」這個概念。

為了讓人看一眼就會產生興趣，就算得減少一點資訊也沒關係。

之所以說「就算得減少一點資訊也沒關係」，有以下兩個原因：

1. **實際上商品宣傳可用的廣告標語有字數限制。**
2. **只要成功引起「該商品的目標顧客」的注意，並使他們願意察看商品的詳細說明，便能藉此仔細說明概念。**

接著就來詳細看看這兩個原因。

1 實際上商品宣傳可用的廣告標語有字數限制

人一瞬間能夠辨識的字數有限。

「用令人印象深刻的方式傳達」，即是採用容易讓顧客注意到的表達方式。

如果是很長的句子，會對顧客造成理解上的負擔，因此顧客容易放棄不看，將目光移向其他商品。

假如在構思概念的階段就已經能用很少的字數來表達便沒問題，如果超過14個字，建議將字數減少到13個字以下。

2 只要成功引起「該商品的目標顧客」的注意，並使他們願意察看商品的詳細說明，便能藉此仔細說明概念

廣告標語不需要鉅細靡遺地說明概念。只要能夠讓「該商品的目標顧客」注意到，並使他們「對這項商品的概念詳情感到好奇」就夠了。

從商品進入顧客的視野到決定購買為止的這段過程，可分成**「差異化→期待→確信」**這三大階段。

首先用含有概念的商品名稱吸引目光，讓顧客覺得：「這項商品跟其他商品不同，說不定能夠解決我的煩惱？」（差異化）

接著用含有「顧客期待的理想目標」的廣告標語，讓顧客對使用後的未來抱持這樣的期待：「這項商品或許能實現我的理想目標。」（期待）

到了這個階段，顧客才終於有意閱讀字數很多的商品詳情。

最後讓顧客閱讀商品詳情中的商品概念、商品說明與根據，使他們相信：「這項商品可以幫我解決其他商品無法解決的煩惱，實現我期待的理想目標！」（確信）

廣告標語只是顧客決定購買前的過程。

廣告標語的最終目標，是「促使該商品的目標顧客閱讀商品詳情」。

因此，就算資訊稍微不足也沒問題。

不過，如同「①不要偏離概念的主旨」一節的解說，即使用偏離概念的廣告標語吸引到顧客，如果該商品可提供的解決辦法與顧客的期待不同，看了商品詳情欄位只會令他們失望。

總之，**一定要設計出不偏離概念的主旨、能吸引「該商品的目標顧客」的目光、能讓他們「想知道商品詳情」的廣告標語。**

最後我根據飛機杯的「材質會隨著使用而變形、越用越契合自己GG的養成型飛機杯」這一概念，設計出「越用越舒服!?」這句標語。

這句標語不僅遵守「越用越契合GG，感覺越舒服」這個概念主旨，同時也呈現了「想獲得舒服的快感」這個顧客期待的理想目標，並將字數控制在顧客一瞬間能夠辨識的13個字內，使顧客產生「這款飛機杯是如何讓人每用一次感覺就更舒服？」這個疑問，從而想要去看商品詳情。

4 驗證概念

～跟既有商品比較後
還是會讓人想買嗎？～

① 驗證「是否具有可戰勝既有競爭商品的概念力」

無論構思概念前做了多仔細的訪談，進行商品化前都一定要驗證才行。

驗證概念的目的，是確認「自家新商品的概念，是否比既有的熱門競爭商品概念更容易被目標顧客選上」。

換言之就是確認**「是否具有可戰勝既有競爭商品的概念力」**。

談到驗證概念，也有看法認為「不要只做口頭驗證，應該也要驗證顧客是否真的會花錢」。

不過我認為，**目標顧客若是「已經為了這個煩惱花費一定的金錢」，就可以省略這種驗證**。

這是因為，他們已經有著不惜花錢也要解決煩惱的意願，而且事實上他們真的為此花了錢。

如果自家商品優於試圖解決相同煩惱的既有商品，願意花錢的對象必然會改買自家商品（當然，目標客層若是「還不曾為了這個煩惱花錢」，最好還是要驗證顧客是否真的願意掏出錢購買）。

不過，**若自家公司的新商品價格，明顯比既有商品的行情價高就要留意了**。

假如目標顧客之前為了解決煩惱而購買的既有商品是1000元，而自家商品是3000元的話，改買自家商品的難度理所當然就會提高。

如果要販售高價的商品，此時也需要驗證「概念是否充滿魅力、就算開支會增加依舊讓人想買」。

換句話說，當售價較高時，概念的成功難度也會更高。

因此，實施問卷調查時，**要註明既有商品與自家商品的價格及概念，然後詢問「想要哪一款商品」**。

如果他們認為「比較過既有商品後還是想買」自家的新商品，那麼將這項商品投入市場就一定會熱賣。

② 設計一份「自家商品的概念」對決「競爭商品的概念」的問卷

關於問卷調查的實施方式，大公司似乎多半委託調查公司進行。

不過，我覺得把預算用在這很浪費，再加上自己秉持著「事業的核心部分，自始至終都該親力親為」的觀念，所以我決定親自進行問卷調查。

當時設計的問卷內容如下：

◎問卷內容（對象是「目前正在考慮要不要買飛機杯的人」）

問題1：之前有買過飛機杯嗎？（選擇題）
回答①：有
回答②：沒有
問題2：如果要從以下幾款飛機杯中選購，你最想要哪一款？（選擇題）
回答①：「材質會隨著使用而變形、越用越契合自己GG的養成型飛機杯」
（自家的新商品概念）
回答②：【既有的熱門競爭商品A的概念】（基於一些原因不公布名稱）
回答③：【既有的熱門競爭商品B的概念】（基於一些原因不公布名稱）
回答④：【既有的熱門競爭商品C的概念】（基於一些原因以下省略）
問題3：為什麼會想選擇這款飛機杯？（自由作答）
（　　　　　　　　　　　　　　　　　　　）

問題1是藉由詢問之前是否買過飛機杯，來鎖定「曾為了這個商品或煩惱花費一定金錢的族群」（由於這次的目標是「已買過飛機杯，但對既有商品不滿意的族群」，故主要參考這題回答「有」的人的意見）。

到了問題2便開始驗證概念。

將「市占率前幾名」且「跟自家商品一樣試圖解決類似煩惱」的競爭商品概念，與自家商品的概念當作選項擺在一起。

如果選擇自家商品概念的人最多，代表自家商品的概念有需求，實際販售會熱賣。

換句話說，概念的假設是對的，可以實際進行商品化了。

如果獲選的是其他的競爭商品，那麼很遺憾，建議最好回到前提重新思考。

若市場規模很大，或許勉勉強強能夠獲利，但終究不是「能大受歡迎的概念」。

如果你想製作能夠取代該市場熱銷商品的成功商品，建議你換個目標客層（例如從「之前有買過飛機杯的族群」，改成「之前沒買過飛機杯，但現在考慮購買的族群」），或是乾脆從零開始重新構思概念。

問題3則可藉由詢問想要該商品的原因，驗證顧客洞見的假設。

這個階段不只是驗證自己建立的洞見假設，還可以從問題2選擇自家商品概念，但問題3回答的原因卻出乎意料的人身上發現「自家商品可以解決的、意想不到的其他煩惱（自家商品的新優勢）」，或是從問題2選擇其他公司商品的人身上發現「其他商品可以解決的、更大的顧客煩惱」。

無論是重新構思概念時，或是重新設計標語時，這些都是非常寶貴的參考資訊。

③ 先定義目標族群大多聚集在哪裡，再實施問卷調查

做問卷調查，需要盡可能找到許多對象請他們回答問題。

找人的方法有兩種。

一種是「自己前去他們所在的地方」，另一種是「採取將他們聚集起來的行動」。

前者通常是採用田野調查的方法，後者通常是透過網路接觸他們（例如投放廣告或在群眾外包平臺CrowdWorks上徵求作答者）。

後者的費用容易增加，所以我選擇前者「自己前去他們所在的地方」。

首先要定義「目前正打算買飛機杯的人」所在的地方是哪裡。

最後，我決定在秋葉原的某情趣用品大樓前面等待，攔下走出大樓的客人，請他們填寫問卷。

然而過了一會兒警察就趕過來，把我臭罵一頓。

本來以為是因為「違反公序良俗」，結果警察說我「違反道路交通法」。

我跟警察保證不會再犯，遺憾地離開。

原來要在街頭做問卷調查，需要向轄區警察申請道路使用許可。

事後我有好好反省。

要在街頭做問卷調查的人，要確認是否需要申請許可喔！

不過值得慶幸的是，要離開的時候我已經收集到一定數量的回答。

統計之後發現，目標族群當中，選擇自家商品「可調教的飛機杯」的人超過九成，獲得壓倒性的第一名。

另外，選擇「可調教的飛機杯」的原因，大多是「特地買的飛機杯如果不適合自己會很難過」。

經過驗證，進行訪談與構思概念時所建立的假設確實是對的，此外「可調教的飛機杯」這個解決方案對顧客而言也有吸引力。

太棒了！我決定要販售了！

番外篇

有助於構思好概念的個人經驗分享

我認為構思概念需要的是**「考量一般消費者的感覺，創造前所未有之物的腦筋急轉彎能力」**。

這種能力人們常稱為**「創造力」**。

「考量一般消費者的感覺」是重點，**要「創造前所未有的事物」需要熟知「過去有過的事物」**。

要故意違反道德就得先知曉道德是什麼；同理，故意想要讓人驚訝就必須先知道常識的範圍在哪。

要在這個世上創業，不能忽視一般消費者的感覺。

千萬別忘了，每天都要時刻留意並吸收「人們覺得『好』的東西」或是「當時流行的東西」。

此外，若擁有只屬於自己的獨特經驗，從中學習到的事物會變成自己的優勢。

雖然也可以從他人的經驗獲得啟發，但還是推薦大家親身體驗。

如此一來就能得到必須體驗過才會知道的、只屬於自己的新發現。

接下來分享幾個我的親身經歷。

雖然這些例子有可能太過獨特而沒辦法模仿（這是「優勢」的特徵），希望能供各位參考如何擁有獨特的經驗。

① 在學校烤鮭魚

~不斷思考「怎麼做才辦得到」，而不是認為「從常識來看辦不到」~

在本書的開頭也有提到，我曾在學校煮白飯、烤鮭魚。

當時的我會自己帶午餐去學校吃。

朋友們都是去學生餐廳吃午餐，但我因為缺錢，每天都吃自己做的三明治。

某天，一起吃午餐的朋友們這麼問我。

「Rikopin，跟米飯比起來，妳更喜歡吃麵包嗎？」

「我比較喜歡吃飯啊。」

「既然這樣，為什麼妳每天都吃三明治呢？」

經朋友這麼一問，我開始回想，為什麼自己每天都吃三明治呢？

既然愛吃米飯，自己做便當或飯糰也挺好的啊？

重新思考這個問題後，我發現原因是自己「不喜歡冷掉的白飯」。

與其吃冷掉的白飯，我寧可吃麵包，所以才會下意識地做了三明治。

「既然這樣，在學校煮白飯就好啦！」

這麼想的我，從翌日起就帶白米和電子鍋到學校，當場煮白飯。

其實朋友們似乎也都很喜歡吃剛煮好的白飯，因此後來我便與她們一起分享煮好的白飯，大家都吃得津津有味。

就算是從家裡帶來的配菜，跟剛煮好的白飯一起吃仍美味到了極點。

不過，人很貪心，欲望獲得滿足後又想再得寸進尺。

改吃熱騰騰的白飯後，這回我開始在意從家裡帶來的配菜鮭魚是冷的這件事。

「既然這樣，鮭魚也在學校現烤就好啦！」

於是翌日，我帶著炭烤爐與生鮭魚到自行車停車場打算現烤現吃，結果不小心觸動了火災警報器和灑水器。

當時的我即是先有「如果在外面也能吃到剛煮好的白飯就好了」、「如果配菜也可以現做就更好了」這些洞見，接著一一重現這些想法。

雖然違反了規則，但周遭的朋友都覺得是好點子。

我從這件事得知，**純粹重現「如果是這樣就好了」這種單純的想法，是創造「好的解決方案（概念）」的訣竅**。

重點是要不斷思考「怎麼做才辦得到」，而不是認為「從常識來看辦不到」（當然，規則還是要遵守喔）。

② 登上捕鮪船

～試著置身在惡劣的環境～

我曾在某個機緣下，做了一個月的捕鮪船船員。

為什麼想做這份工作呢？因為我以前聽過一個都市傳說：「欠債還不出來就只有兩條路可走，一是賣器官，二是在捕鮪船上工作。」

「賣器官」這件事，任誰來看都是很惡劣的體驗。

不過，「在捕鮪船上工作」這件事，似乎也是一種惡劣到能夠與前者並列為選項的體驗。

當時我心想，**「不必賣器官，也能體驗跟賣器官一樣惡劣的事」，這種「惡劣體驗」的成本效益實在太高，自己當然沒理由不做。**

捕鮪船上載著以前不曾遇到過的、對我而言很稀奇的人們。

例如為了母國的家人出外賺錢的外國人、抱持「討厭念書，想靠漁業一夕致富」這種有野心的在地青年等。

當中令我印象特別深刻的，是一名**「只敢吃香蕉、超級偏食的巴拿馬男子」**。

船員在漁船上，吃的是用當次捕獲的鮪魚身上不怎麼好吃的部位製成的鮪魚蓋飯。

由於他看起來非常心累，我便以一根2000日圓的價格，問他要不要買我帶來的「香蕉口味大豆營養棒SOYJOY」，沒想到還真的成交了。

只要這個地方的需求與供給一致，即便是離譜的價格，交易也能成立。道理就跟富士山上賣的礦泉水價格比其他地方昂貴一樣。

我從這件事得知，人為了滿足自己的強烈欲望，無論多少錢都花得下去。**尤其是食慾、睡慾與性慾，看來這三大欲望果真格外容易進攻。**

另外，一根「香蕉口味大豆營養棒SOYJOY」能賣2000日圓，原因除了供需一致外，我認為這也是因為那位巴拿馬男子「不知道SOYJOY的一般售價」。

SOYJOY本來是花100日圓左右，就能在超商或藥妝店買到的商品。

但是，我跟他說：「這個非常好吃！跟百貨美食街賣的點心相比，我個人比較喜歡這個。」導致他的意識裡有這樣的認知與認同：「既然比百貨美食街的點心還要好吃，定價是不是很高啊？現在真的很想吃香蕉口味的東西，在食物有限的船上，就算價格這麼貴也沒辦法。」（下船後，我坦白告訴他SOYJOY的原價，向他道歉並退錢給他。當時我問他為什麼願意買，他是這麼回答的）。

我透過這段親身經歷，學到了本書介紹的**「強烈欲望的解決方案容易高價賣出」**，以及**「顧客不知道行情的東西容易高價賣出」**這兩個道理。

③ 分辨小雞性別的打工
～做大家都不熟悉的、很稀奇的事～

我曾在鄉下做過分辨小雞性別的打工。

因為我覺得，這是一份大家不太熟悉、很稀奇的工作。

工作內容很單純，就是將幾百隻小雞分成公的與母的。

其實，分辨性別的目的是「母的要送去雞舍養大讓牠生蛋，公的則宰殺製成貓頭鷹的飼料」。

換言之，這是一項決定小雞生死的作業。

感覺就像是在進行最後的審判。原本以為只有法官才能判生判死，沒想到這種地方也有這樣的工作。

言歸正傳，這種分辨小雞性別的打工跟捕鮪船的工作不同，薪資非常低。

但是，這份打工在當地似乎相當受歡迎。

我問一起工作的主婦：「妳為什麼會來做這份打工呢？」結果對方回答：「我很討厭跟人說話，所以喜歡不用接待顧客的作業員工作。反正每天閒著沒事做，我想找件事來打發時間。雖然這份工作薪水低，但不必做我不喜歡的事，所以是不錯的打工。」

其實我也是因為「這是很稀奇的工作，想做做看」，才專程從東京跑來鄉下打工，領的時薪根本不夠支付交通費與住宿費。

那位主婦與我的共同點，是認為「這份工作除了薪水，還有讓人想做的價值」。

從不同角度來看，這也算是供需一致。

這份工作或許就是因為將勞動的價值，從「賺錢」轉換成「能夠打發時間且不必與他人接觸」，或是「可獲得新鮮經驗的稀奇工作」之類的其他價值，才會比其他高時薪的工作還要受歡迎。

大學生的長期實習工作也是時薪很低，但應徵者仍然絡繹不絕。

原因就在於工作提供了「能夠擁有一般打工沒有的經驗」這個價值，使需求與供給達到一致。

當徵才廣告已經註明時薪不高，應徵者仍多到足夠招滿需要的人員時，這個市場就成立了。

我從捕鮪船船員與分辨小雞性別的打工經驗得知，**如果想訂出與既有市場不同的價格，只要依據與過去完全不同的洞見提供價值，就算價格離譜依然能讓市場成立。**

這也可以說是**「創造競爭者沒有的獨特洞見」**的好處吧。

④ 跟與自己相反的人好好聊聊

~找出自己沒有的洞見~

跟生活型態與自己不同的人交流也是有效的做法。

這是因為，**教養、生活型態或價值觀不同，洞見與解決方案也會有很大的差異。**

要避免單憑自己的價值觀實施行銷，就必須持續學習「世上存在著各種價值觀的人」這個道理。

設定商品的目標市場時，「能夠想像的顧客」類型也會增加。

「與自己不同的人」的判斷標準五花八門，這裡就分享我在尋找「對金錢與工作經歷的看法似乎跟自己不同的人」時的情形。

首先要盤點「自己」。

我將自己定義為「收入不穩定、金額也不固定的人」。

與我相反的人則是「收入穩定、金額也固定的人」。

我認為最符合這個條件的人應該是公務員，於是決定找認識的公務員聊天。

可惜的是，我認識的人當中沒人是公務員，最後我搭訕一位消防員，請他吃飯並問了各式各樣的問題。

聊過之後我明白了一件事：我跟那位消防員**對錢的想法完全不同**。

當錢不夠用時，我想的是「要怎麼增加收入」。

於是，我會增加工作，或是想辦法讓事業成長。

因為收入固然有可能歸零，卻沒有天花板。

在獎勵豐富的新創企業任職的人，也會為了增加薪水而努力做出成果吧。

反觀那位消防員的情況，他的收入並不會因為做出成果而增加，此外公務員也不能做副業。

換言之就是「雖然不用擔心收入會減少，但也沒有辦法讓收入暴增」。

所以當錢不夠用時，他想的是「要怎麼減少支出」。

於是，他只能盡量節省伙食費，假如錢還是不夠用就把自己的車賣了。

過去我總以為「公務員應該不曾為錢煩惱吧」，結果根本不是這麼回事。

其實只是因為工作型態不同，大家解決缺錢的辦法才會不一樣。

生活型態或價值觀若是不同，面對同樣的問題時，對課題的感受或採用的解決辦法

就有很大的差異。

研究使用者洞見時，這是非常重要的學習。

持續收集這種樣本，應該能獲得很大的行銷線索吧。

如果你的狀況是「很難抽出時間跟別人見面」，或是「很難找到屬性跟自己不同的人」，看書是又快又省事的方法。

我們能夠藉由閱讀吸收立場與自己不同者的經驗或意見，如此一來便能擴大洞見的廣度。

另外也推薦大家搜尋陌生人的社群帳號，觀察對方每天發布的內容。

個人檔案通常會寫上屬性，因此看了許多人的社群帳號後，就有辦法推測對方的價值觀，例如「這種屬性的人容易有這種想法呢」。

⑤ 沉浸在對方的世界觀裡

～打從心底享受他人覺得「有趣」的事物～

建議大家試著盡情享受別人表示「有趣」的事物，沉浸在對方的世界觀裡。

這是因為，**會讓人覺得「有趣」的事物，其中一定有什麼原因**。

持續收集這些原因能變成自己的王牌，有助於製作他人會覺得有趣的事物。

我常常逢人就問「最近有沒有讓你覺得有趣的事？」「現在著迷的東西是什麼？」

無論是電影、動畫還是嗜好，各種事物我都會問問看，自己也會去看、去做。

此時要有的重要心態，**不是「試試看」這種感覺，而是「打從心底認為那是『有趣的東西』並且盡情享受，沉浸在對方的世界觀裡」**。

不可思議的是當你這麼做後，就能夠逐漸明白那個事物的有趣之處在哪裡，繼而發現新的需求。

會讓人覺得有趣的事物，一定有其理由。

面對流行的事物或自己沒興趣的事物時，若是嗤之以鼻地認為「無法理解」、「那種東西哪裡有趣了」是很可惜的事。

因為意想不到的提示，就散落在平常自己沒有關注的世界裡。

我有個朋友很熱衷於西斯特瑪格鬥術（Systema）。

那是一種俄式軍隊格鬥術，創始者米哈伊爾．萊布科（Mikhail Ryabko）師承蘇聯獨裁者約瑟夫．史達林（Joseph Stalin）的隨扈。

西斯特瑪格鬥術囊括了有關刀、矛、棍棒、手槍、突擊步槍等武器的攻防技術，反映出俄羅斯傳統武術的共通理念——提升全方位戰鬥與肉搏戰時的生存能力。

不同於其他格鬥術的其中一個很大的特徵，就是「運用特別的呼吸法，讓身體時時保持放鬆狀態」。

第一次聽說西斯特瑪格鬥術時，我心想：「西斯特瑪哪裡有趣了？」

「想學格鬥術的話，除了西斯特瑪之外，也可以選擇空手道或踢拳道吧？為什麼刻意選擇西斯特瑪呢？」我感到疑惑。

就算詢問朋友原因，他也只是告訴我「練西斯特瑪感覺很爽快喔」。由於自己完全無法理解西斯特瑪的有趣之處，我也決定去學西斯特瑪。

開始去西斯特瑪教室上課後，最先感受到的大變化，就是不練西斯特瑪的時候呼吸也很順暢，身體時時保持很輕鬆的狀態。

無論是坐著時、走路時、跟人對話時、睡覺時還是做料理時，任何時候身體都不會過於緊繃，呈現一種適度的無力狀態。

呼吸變得順暢，身體也不會過於緊繃後，我覺得自己能維持類似正念（Mindfulness）的狀態，思緒比以前還要清晰。

這真是太棒了！

我這麼告訴朋友後，他回答：「對啊對啊，這點真的很棒。」

之前我以為格鬥術的有趣之處就是「可以發洩壓力」、「可以防身」、「可以解決運動不足的問題」，沒想到親自體驗後還發現了「能夠時時維持正念狀態」這個新的有趣之處。

就算是不符合自己喜好的事物，只要沉浸在對方的世界觀裡，就能從之中理解「為什麼有趣」。

持續收集這種「有趣的原因」就能變成自己的王牌，幫助自己打造讓人覺得有趣的商品企劃或事業。

⑥ 掌握自己的購買行為

～具體且詳細地表述自己的洞見～

掌握自己的購買行為並且具體詳述也是很推薦的做法。

針對自己不自覺購買的東西不斷思考「為什麼會買這個」，能夠使你進一步深入瞭

解消費者行為或顧客旅程（Customer Journey）。

針對自己買的每一樣東西，不斷地詢問自己「為什麼會買這件商品」。「從哪裡得知這件商品」、「為什麼不買其他商品」、「為什麼不滿意目前持有的商品」、「希望購買這件商品後能有什麼改變」……等，不斷地詢問自己「為什麼」。

當你能夠具體地用言語表述「想要的原因」後，行銷技能就會有全方位的進步，例如能夠發現意想不到的洞見、增進廣告標語設計能力、能夠想出公關策略等。

這裡以我購買「Melano CC毛孔清透酵素潔面乳」時的情形為例。

這是在社群網站上暴紅的商品，有段時間無論哪家店都被搶購一空。

某天我在藥妝店買東西時，湊巧發現這款洗面乳還有貨，於是買了下來。

之前我只用過一般的洗面乳，直到這天才第一次購買酵素洗面乳。

雖然這只是平時常見的、沒什麼特別的購買行為，仍要試著以此思考「為什麼會買這個？」

很久之前我就聽說過「酵素洗面乳」這項商品。

此外也知道「酵素洗面乳跟一般的洗面乳不同，裡頭添加了酵素，因此容易洗去汙垢，也能去除老舊角質，使皮膚變得光滑」。

「可是，為什麼之前自己不曾買過其他的酵素洗面乳呢？」

之前我就有過好幾次，考慮換一款洗面乳而在藥妝店裡來回挑選的經驗。

當時販售的酵素洗面乳，只有像「Ｆａｎｃｌ深層清潔潔顏粉」那種粉狀的產品，而且還是按一次的用量個別包裝成跟方糖差不多的大小。

「為什麼之前自己不買那種酵素潔顏粉呢？」

按一次的用量獨立包裝的話，每次使用時包裝紙就會變成垃圾。

我大概是覺得，每次在浴室洗臉時，自己會不小心把垃圾留在浴室裡吧（或許有人會覺得「離開浴室時，把垃圾帶走不就好了」，但我就是會不小心忘記。每次使用獨立包裝的入浴劑都會發生這種情況）。

仔細一想，這就是「我之前不買酵素洗面乳的原因」。

這次購買的「Melano CC毛孔清透酵素潔面乳」，採用的是像牙膏那樣的軟管包裝，因此使用方式跟普通的洗面乳一樣，也不會額外製造垃圾。

所以我才會購買。

連我自己都相當驚訝，促使我決定購買那款洗面乳的最後因素，並非「對皮膚好」之類的好處，而是「不會額外製造垃圾」。

我從這個經驗學到了一件事：「設計每天使用的商品時，減少使用過程中的麻煩也很重要」。

多做購買行為的研究很重要。

因此，我也會分析自己的購物情形。

畢竟自己也是一名消費者，瞭解自己的購買行為，同樣非常有助於擬定行銷策略。

構思概念與商品化的確認重點

- [ ] 這件商品能回應尚未解決且嚴重度高的煩惱嗎？
- [ ] 競爭對手有沒有概念相同的商品？
- [ ] 是否取了相似的、「那種感覺」的商品名稱？
- [ ] 廣告標語能否讓人眼睛為之一亮？
- [ ] 廣告標語能讓人想像自己期待的未來嗎？
- [ ] 商品化前是否做了充分的驗證？
- [ ] 有沒有重視各種獨特的經驗？
- [ ] 有沒有時時吸收周遭給予好評的事物？

第 4 章

亞馬遜D2C的制勝方法

這位女大生，販售飛機杯

在第1章的「6. 選擇有可信賴之銷售通路的領域～進入初期須藉虎威～」提到，當時我選擇亞馬遜作為販售飛機杯的通路。

其實除了亞馬遜以外還有各式各樣的銷售通路，不過本章主要解說我採用的亞馬遜D2C制勝方法。

首先是大前提，運用大型銷售通路的好處有：

- 會員人數多（通路本身有顧客）
- 可信賴性有保證
- 使用者不必再進行註冊帳號之類的步驟，因此可降低離開率
- 使用者已用慣該網站，因此能順暢走完購買流程，降低離開率

……等，最後便能提升最重要的「購買率」。

當然，運用大型銷售通路也有「會被收取銷售手續費」這個壞處，但對我們這

種資本有限的新進入者而言這個問題微不足道。

就算你打算將來要在自家網站上銷售以提高利潤率，先充分運用亞馬遜或樂天市場這類已建立品牌的銷售通路再說也不遲。

不過，本章所談的內容並非只適用於亞馬遜D2C，無論要在哪個通路銷售商品，這些都是能夠運用的觀念與Know-How。

請大家一定要將這些觀念及Know-How抽象化，發揮在自己的事業上。

1 能夠熱賣的商品名稱設定方法

～名稱是否能夠讓人期待煩惱得以解決？～

本節要解說的是，配合亞馬遜搜尋結果一覽設定商品名稱欄位的方法。

在亞馬遜購物時，大部分的人都會先在亞馬遜的網站搜尋商品。

因此，設定亞馬遜的商品名稱欄位時，**需要針對搜尋結果進行最佳化**。

一聽到搜尋結果的最佳化，應該有不少人會想到「亞馬遜ＳＥＯ對策」吧（ＳＥＯ即是搜尋引擎最佳化，而ＳＥＯ對策是指讓自家公司的商品頁面等網頁更容易被搜尋到的技巧。每個搜尋引擎的ＳＥＯ對策都不一樣）。

但是，我幾乎沒把注意力放在亞馬遜SEO對策上。

我反而只重視**「能否吸引顧客的目光，讓他們萌生『想要』的念頭」**。

換言之我注重的是製作對顧客而言最好的東西，而不是欺騙搜尋引擎。

因此，我不使用亞馬遜SEO常見的黑帽手法，即「盡量在商品名稱欄位塞入搜尋關鍵字，好讓商品更容易被搜尋到」。

原因在於，這麼做會使顧客「瀏覽商品時很痛苦」。

欺騙搜尋引擎，確實能暫時提升亞馬遜站內的搜尋排名吧。

但是，最佳化的本質應當是**「能否讓搜尋使用者舒適地購物」**。

亞馬遜也是以「提供搜尋使用者舒適的體驗」為目標，因此亞馬遜SEO的演算法一旦更新，那些採用只能算小技倆而非本質的黑帽手法、會妨礙搜尋使用者獲得舒適體驗的商品排名就會下降。

就跟Google SEO的歷史一樣。

Google SEO起初也是因為演算法不完善，導致採用黑帽手法忽視上下文亂塞關鍵字的內容輕易就能提升排名。

不過，當演算法朝著「搜尋使用者能夠舒適地查詢資訊」這個目的進化後，這種會破壞搜尋使用者體驗的內容就無法再獲得高分。

也就是說，即便為了「提升搜尋排名」而採用黑帽手法，長期來看這種做法是沒有意義的。

到頭來還是要打「內容行銷」戰，也就是製作對使用者而言「有益、沒有額外壓力、可舒適地使用」的內容。

因此，比起使用黑帽手法提升搜尋排名，**用心設定商品名稱欄位，讓使用者在瀏覽搜尋結果一覽時能最先看到自家商品更為重要**。

「最先看到」的意思是**「簡單明瞭到搜尋使用者能夠立即區分」**。

我在介紹廣告標語的寫法時也說明過，沒辦法立刻區分的東西對顧客來說很礙眼，他們會直接忽略。

這裡說的「簡單明瞭」，意思就是要讓人只看一眼就立刻知道該商品的概念，吸引顧客目光使他們覺得「這項商品跟其他商品不同，或許可以解決我的煩惱」。

因此，我們要取一個在搜尋結果中能夠吸引目光、視認性高的標題。

只要能在搜尋結果一覽中吸引目光促使顧客點擊，並提供顧客期待的商品，他們就願意購買。

這樣一來，因為點擊者的購買率增加，最終也能提高亞馬遜SEO的評分，繼而使搜尋排名上升。

我們要追求的不是投機取巧的技巧，而是能讓顧客舒適地購物的「簡單明瞭」。

商品名稱與廣告標語的分工

為了讓搜尋使用者只看一眼就能立刻明白該商品的概念，商品名稱欄位要簡明扼要地呈現概念。

這個觀念跟廣告標語很類似，不過直接把廣告標語的句子放進去會很浪費空間，建議大家避免這麼做。

這是因為，廣告標語會印在外包裝上，而拿外包裝當作縮圖時就已經把廣告標語展示出來了（我會在下一節說明，現在先記住這點就好）。

亞馬遜的展示格式是固定的，能夠顯示的資訊量有上限。

為了不浪費刊登空間，盡量不要重複同樣的敘述。

由於已用縮圖呈現廣告標語，商品名稱欄位就用來刊登廣告標語未能表達的資訊。也就是用不同於廣告標語的表達方式來傳達概念。

以「淫亂覺醒」這款「可調教的飛機杯」為例，我在商品名稱欄位裡放入「養成型飛機杯」一詞。

設定商品名稱欄位時，不要太過在意亞馬遜ＳＥＯ，一定要用簡單明瞭的表達方式，讓搜尋使用者能夠舒適地購物。

只要朝著「吸引目標顧客的目光，促使他們點擊」這個目的來設定商品名稱欄位，就能改善搜尋使用者的行動品質，並增加商品的ＳＥＯ評分，最終便能提高搜尋排名。

2 能夠熱賣的包裝設計方法

~這個階段也是以「吸引目光」為最優先~

① 在外包裝上加入廣告標語

在亞馬遜的網站上，商品縮圖幾乎占據了整個畫面，大家只要看搜尋結果一覽便一目了然。

所以，我們要製作「吸引目光」的縮圖。

前面已數度提到，「吸引目光」的意思是「讓搜尋使用者只要看一眼，就能立刻明白該商品的概念」。

也就是說，我們要「在搜尋使用者最容易看到的縮圖上表達商品的概念」。

在縮圖本身加上文字，或是添加效果線之類的裝飾，都會違反亞馬遜的規範。

因此這時推薦的做法是：**在當作縮圖的外包裝本身印上廣告標語**。

使用這個方法的話，我們就只是直接把印有廣告標語的外包裝當成縮圖，而不是直接將文字加在縮圖上，如此一來即可避免違反亞馬遜的規範。

不消說，印上去的廣告標語要使用**「大字體與看得清楚的字型」**，這樣一來就算當成縮圖時圖像尺寸變小，跟搜尋結果中的其他商品排在一起時仍可看得清楚廣告標語。

② 採用不會格格不入，也不會被湮沒的外包裝

想在亞馬遜的搜尋結果一覽上「吸引搜尋使用者的目光」，除了要表達概念，還需要**「採用不會格格不入，也不會被湮沒的外包裝」**。

因此，我在設計外包裝時是**以「吸引目光」為最優先考量**，而非注重「好像很厲害的感覺」或「流行感」等這類感覺。

總之就是利用色調、商品名稱的字型、廣告標語的字型、角色圖案等所有元素，設計出「吸引目光」的外包裝。

此外我也提醒自己，不要設計出「總覺得很酷的包裝」或「有那種感覺的包裝」，

這類與其他競爭商品相似的外包裝。

這是因為如果設計出「有那種感覺的包裝」，最後就會湮沒在亞馬遜的搜尋結果一覽裡。

話雖如此，如果設計出格格不入的外包裝，反而會讓顧客更加警戒，認為「這可能跟自己要買的商品不一樣」。

採用「不會格格不入，也不會被湮沒的外包裝」很重要，要評估外包裝是否符合這個條件，只能進行A／B測試了。

就算只看調性（Tone and Manner）也好，販售之前務必先做A／B測試。

發案給包裝設計師時，建議請對方提供幾種不同調性的版本。

關於角色圖案，我也發案給幾名畫風不同的繪師，針對「不會格格不入，也不會被湮沒的畫風」進行A／B測試。

包裝上的角色除了動漫風格，還準備了AV女優寫實風格（當時因為預算很少，沒辦法同時發案給好幾位專業繪師。於是我到繪圖交流網站pixiv上發掘繪師，詢問對方願不願意接案）。

測試的方式跟驗證概念一樣，我直接把設計拿給目標族群看，然後進行問卷調查詢問「你最想要哪一個」。

結果發現，最吸引目光的飛機杯外包裝，是粉紅色系的包裝，搭配美少女遊戲或色情遊戲風格的插圖。

3 廣告的運用方法

~為了評估創意的好壞而刊登廣告~

① 「為了調整內容」而運用亞馬遜廣告

亞馬遜廣告有各種廣告方案，例如商品推廣、品牌推廣、展示型推廣、影片廣告、定製廣告解決方案等。

在正式投放廣告獲得顧客之前，必須先調整內容。這是因為**就算投放再多的廣告，顧客點擊廣告後前往的商品頁面若是沒準備好，顧客也不會購買**。

不光是縮圖與商品名稱欄位，整個商品頁面都要以撰寫廣告文案或製作著陸頁的觀點來調整。

商品頁面上不只有「第二張縮圖以後的商品圖片」、「商品的規格欄位」與「商品的詳細資訊」，還有「商品介紹內容」等可向顧客宣傳商品的元素。

此時重要的是，**所有的改善一定要用A／B測試檢驗成效是好是壞**。

所有的改善都要根據「點擊率」與「購買率」等數據，判斷是好的改善還是改惡。如果是改惡，就要馬上恢復成原本的內容。

各位或許會覺得這些都是理所當然的事，但實際與在亞馬遜經營D2C事業的人交談後卻發現，很多人只注意運用層面，最關鍵的商品頁面則是做完就不管了，完全沒做任何改善。

這樣真的很可惜。

因此，我們要運用亞馬遜廣告，改善及最佳化商品頁面。

這是因為，改善需要以數字來測量「點擊率」與「購買率」等顧客行動的效果，所以我們要用廣告來收集母體進行測量。

換言之，這裡的廣告費是「測試預算」。

若將「效果高的廣告」進行要素分解，可以分成「好的創意（這裡是指商品頁面）」與「好的運用」。

我是支持「創意就是一切」論的信徒。

只要創意夠好，即使沒運用太多技巧也能收到一定程度的效果。

反之，創意不好的話，即使運用再多的技巧也不會有效果。

當廣告沒收到成果時，應該最先懷疑的不是運用方法，而是創意。

所以，在正式撥出預算投放廣告之前，要先完成商品頁面（創意）的改善。

② 無法在亞馬遜投放廣告時

如果無法在亞馬遜投放廣告，使用外部的廣告媒體也是很推薦的做法。

限制級商品無法在亞馬遜上投放廣告。

因此，我是拜託彙整情色資訊的媒體介紹自家的飛機杯。

該媒體似乎也因為少有單價高的廣告案而面臨獲利困境，於是交易很快就談成了。

像這種少有高單價廣告案件的業界，YouTuber或Instagrammer之類的網紅或媒體大多很難從中獲利，因此要實施網紅行銷也比較容易。

反之，像瘦身或美容等類別的廣告案已飽和，廣告預算容易飆高，所以就不推薦這種手法。

當時我沒採用網紅行銷，換作現在的話我應該會找Pornhuber之類的網紅推廣商品（註：Pornhuber是指在成人影片網站Pornhub經營個人頻道，自拍性愛影片供會員觀賞的人）。

4 針對重度使用者的行銷
～努力獲得最強的友軍～

事業要前進，讓更多重度使用者認識商品也是很推薦的方法。

雖然乍看之下，追蹤人數多的網紅影響力比較大，**但即便是追蹤人數少的普通人，如果他是熟諳該類商品的重度使用者，在社群裡的影響力就比網紅還大**。

你是否也有這樣的經驗：比起喜歡的網紅所推廣的商品，更想買同一個社群裡的朋友向自己推薦「這個我用過，真的很棒喔」的商品。

雖然這群人很容易被忽略，不過除了網紅外，找這個圈子的重度使用者進行互惠合作，能夠讓更多人認識商品（註：互惠合作是指廠商以免費提供商品或服務作為報酬，邀請網紅體驗後發布合作文或影片以達到曝光效果）。

尤其是主打商品概念、新穎性高的商品，很容易讓用遍既有商品的重度使用者產生興趣。

我當時採取的做法是，針對重度使用者進行線下宣傳。

之所以不選擇在線上進行，單純是因為對方會覺得可疑（試想寂寂無名的製造商某天突然私訊問你「要不要使用飛機杯」，你應該會當作是垃圾訊息吧？）

我去參加飛機杯愛用者社群的線下聚會，現場發送自家公司的飛機杯。

對使用者而言，比起廠商透過社群網站私訊邀請自己互惠合作，再將飛機杯寄送到自己手上的經驗，**一名女大生對自己說「這是我製作的飛機杯」，並親手將飛機杯交給自己的經驗，給人的印象更加強烈，於是他們就會想在網路上分享這件事。**

另外，**他們有很高的機率會在社群網站分享使用感想，故能收到不錯的廣告效果。**

此外還有一個意想不到的收穫，就是能夠聽到「重度使用者觀點的意見」，有助於我改善商品。

他們是這類商品的使用者專家，因此能夠給予具體且清楚的回饋，例如「這個部分很舒服」、「這個部分還好，最好要改善」等意見。

畢竟我沒有ＧＧ，無法實際試用飛機杯，他們的意見是非常寶貴的資訊。

如同上述，有時重度使用者具有的影響力跟網紅差不多大，他們不只能在社群裡幫忙推廣讓更多人認識商品，也較願意在比較過許多競爭商品後給予有用的意見回饋。

針對他們來實施行銷能使事業大幅前進。

事業領域若是「有重度使用者，也有他們常發布該類商品資訊的社群」，就很推薦針對重度使用者實施行銷。

5

進一步拓展品牌的陣容

～針對一個抽象的煩惱準備各種解決辦法～

成功推出一件有概念力的商品，銷售量也達到一定的水準後，接下來就進入加強品牌力的階段。

為此，我們要進一步拓展商品的陣容，確立整個品牌的方向。

許多人都主張「對D2C品牌而言，統一世界觀很重要」。

那麼，這裡說的統一感是什麼呢？

若要細分的話，有設計的統一感、顧客體驗的統一感等各種統一感，不過我認為這個統一感其實就是**「努力解決同一個課題（煩惱）」**。

第2章介紹發掘洞見的方法時，曾提到要找出顧客的煩惱，並且提供解決方案。對顧客課題的理解越是抽象，作為解決方案的方法應該就越多樣化。**只要針對一個抽象的課題，提供各種解決方案拓展商品陣容，品牌就會逐漸形成。**

舉例來說，像小林製藥就秉持「你想到，我做到」的經營方針，準備各式各樣的商品來努力解決顧客「生活中的小麻煩」這個抽象的課題。

再以飛機杯為例，顧客有著「不知道如何選擇適合自己的飛機杯」這個抽象度高的煩惱，進一步深入探究後發現，顧客的具體煩惱是「如果參考他人的口碑評價，沒辦法知道是否符合自己的GG形狀」，至於解決方案則有「淫亂覺醒」這款「材質會隨著使用而變形、越用越契合自己GG的養成型飛機杯」。

為了拓展解決「不知道如何選擇適合自己的飛機杯」這個抽象煩惱的商品陣容，我

商品名稱：「真穴構造」
概念：「逼真重現真實的女性性器構造」

根據「找到適合自己的飛機杯」這樣的品牌概念，建立了「Mr. FiT」這個品牌。

在構思加入陣容的商品時，我從另一個角度來深入探究「不知道如何選擇適合自己的飛機杯」這個抽象的煩惱。

結果，我從之前進行訪談時獲得的「如果習慣了飛機杯的刺激，跟真人做愛時有可能會射不出來」這個洞見，發現了「沒有用起來接近真實性愛的飛機杯」這個煩惱。

於是，我根據「逼真重現真實的女性性器構造」這一概念，開發出加入品牌陣容的新商品「真穴構造」（參考上頁圖）。

如同上述，只要更加抽象地去理解用第2章的方法找出來的顧客課題，並提供商品陣容作為另一種解決方案，就能夠形成有統一感的品牌。

亞馬遜D2C制勝法的確認重點

- [ ] 是否選擇了最適合的銷售通路？
- [ ] 商品名稱是否適合銷售通路？
- [ ] 外包裝設計是否適合銷售通路？
- [ ] 創意是否簡單易懂、一瞬間就能引起顧客注意？
- [ ] 有沒有為了提升購買率而埋頭進行 A／B 測試？
- [ ] 是否接觸了極可能成為支持者的重度使用者？
- [ ] 有沒有擴充商品陣容加強品牌力？

第 5 章

出售事業

這位女大生，賣掉D2C事業

經過前述的過程推出「可調教的飛機杯」後，第一天販售就登上亞馬遜暢銷排行榜第四名。

商品不僅被媒體報導，還在網路論壇上出現討論串，此外也在社群網站上引發熱議。

這段期間，商品頁面的流量越來越多，銷售量也持續增加（當時的我可能是間接使最多男性射精的女大生）。

到了十二月，商品因為太受歡迎而賣到缺貨。

「絕對要趕在業績容易增加的新年之前完成補貨！」聖誕夜我在辦公室裡包裝2000個飛機杯，這件事成了一段美好的回憶。

購買人數增加後，能夠得知「使用感想」的機會也隨之變多了，於是我也能藉此改善商品。

此外，我也學會預測每月的銷售數量，有辦法在庫存風險低的狀態下大量訂貨，因此能夠降低每個商品的成本。

另外，在亞馬遜的網站上要調整售價並不困難，因此我也藉由驗證「哪個價格最容易熱賣」，逐漸增加利潤金額。

除此之外，我還扎扎實實地不斷進行各種調整作業，例如進行A／B測試改善銷售頁面。

銷售數量增加後，要蒐集資料就不難了，因此商品能做的改善以及能採取的獲利措施更多元了，事業也能進一步成長。

「我想出來的商品，帶給了許多人快樂！」一想到這點我就覺得很爽（畢竟賣的是飛機杯嘛）。

但是……。

創業家要適度休息，然後再繼續前進

～讓事業持續發展必須重視的事～

雖然D2C飛機杯事業大獲成功，我個人卻遇到了一個很大的障礙。

那就是工作過度，把身體搞壞了。

當時的我過著1天工作16個小時的生活，每天從早上6點工作到晚上10點。

週末六日也在工作，在辦公室裡連續住上好幾天更是家常便飯。

由於自己太常不回家，導致瓦斯停止供氣，我不知道要怎麼恢復供氣，於是洗了約兩個星期的冷水澡。

當時正值二月，天氣非常寒冷。

而極限很突然地到來。

某天早上睡醒時，我發現自己沒辦法起床，什麼都無法思考。

自己只是呆呆地望著天花板。

就這樣，太過賣力販售飛機杯的女大生終於把身體搞壞了。

我決定將飛機杯公司交給後繼者並退出經營，其他的工作也全部停止，暫時休息一陣子。

話雖如此。

休假第三天，我靈光一閃，想到了新的D2C事業模型。

「我還能拚，才不會就這樣結束。」回過神時，我已經聯絡會計事務所，成立新的事業。

由於是跟飛機杯不同類別的D2C事業，我趕緊開設另一家公司，成立四個生活雜貨與美容家電等商品的品牌。

幸運的是，公司才成立一年就順利賣掉了。

雖然這幾類商品給人的印象不如飛機杯那樣深刻，不過前面介紹的飛機杯企劃銷售經驗與思考法，在當時發揮了很大的作用。

即便商品類別不同，基本的觀念仍是一樣的，只要遵守「就算是『自己並非目標客層的領域』，也要瞭解顧客真正的煩惱，並且提供解決方案」這一點，事業一定會步上軌道。

「過勞」是創業家容易陷入的陷阱。

有句話說「經營事業就像在跑馬拉松」，堅持跑到最後的人便是贏家。

換言之，「可以持續多久」是關鍵，無法持續的努力不值得推薦（當然，也是有「得趁著現在努力打拚」這種例外的狀況）。

說到底，成功的方程式無非就是如此：

成功＝努力的質×努力的量

我的意思並不是「用不著努力」。

量也有勝過質的時候。

不過，很多時候我們會因為滿足於量而覺得自己有努力工作，結果卻忽略了質（假如產出的成果相同，當然是短時間內完成的人比較優秀）。

就算1天工作16個小時，專注力若是低落就沒意義了，而且隔天要是身體不舒服，就等於平均只工作8個小時。

既然這樣還不如1天固定工作10個小時，不僅比較容易訂立計畫，也可以確保產出成果的質吧。

另外，量若是增加太多，質會變成負的，結果也會是負的。

為了讓自己能維持好的表現，建議大家要積極休息喔！

不過，要努力工作的自己停下來比想像中難。

我也是現在回頭去看才發現，當時分明出現了許多「快要不行了的徵兆」，我卻直到身體真的搞壞了才注意到。

自己要發現自己「已經不行了」，實在非常困難。

所以，目前正在努力的人，請你試著詢問自己一次。

比起「做出結果」，自己是不是更執著於「努力」這件事？

越是全心投入，就越難發現自己來到了極限。

我是說真的。

如果自己不小心過勞而病倒也不必擔心。

請先暫時停下來好好休息，然後重新振作。

這樣一來就能再繼續前進。

出售事業的觀念

～趁評價不錯時賣掉是理所當然～

大約在創業一年後，某事業公司聯絡我，說想買下D2C事業。

雖然之前沒考慮過出售事業，不過心血來潮的我還是決定聽聽對方怎麼說。

聽了之後才知道，自家的D2C事業在市場上獲得的評價，比我自己的感受還要好上許多。

市場無時無刻都在變動。

持續成長的事業也會有衰退的一天。

所以我才會決定**「就趁評價不錯時賣掉吧」**。

雖然當時也有意見認為「既然是有賺錢的事業，何不繼續經營賺取利潤」，但市場無時無刻都在變化，若不調整的話基本上利潤會逐漸減少。

此外，也得考量到跟公司有交易往來的廠商，所以我才會認為與其靠著慣性繼續經營下去，讓渡給充滿幹勁想讓事業更加成長的公司，對所有的利害關係者來說是更有誠信的做法。

我當然也可以選擇「繼續靠自己拉拔事業」。

不過，雖然我用自己的資金創業，成功地從零前進到一，但要從一成長到一百需要更多的資金。

對一個曾因為過勞而弄壞身體的人來說，實在提不起勁去籌措資金，增加更多的利害關係者。

做生意的基本原則是**「便宜買入，高價賣出」**。

併購也一樣，基本原則是**「要趁評價不好時便宜買入，趁評價好時高價賣出」**。

當然，用離譜的金額買入或賣出是不道德的。

不過我認為，**評估時機以合理金額「在評價最好的時候出售」的能力，對以出售事業為目標的創業家來說相當重要**。

3 前往下個階段
～新的挑戰～

經常有人問我：「妳接下來要做什麼呢？」

我有兩個目標。

第一個目標是：進一步瞭解他人的內在。

為了飛機杯企劃而挖掘顧客的洞見時，我對於**「陌生人竟然能發現連顧客自己都沒察覺到的內在」**這項事實，感到既有趣又訝異。

原本以為只有超能力者或算命師才辦得到這種事，沒想到行銷人也做得到。真是太神奇了。

我要精進自己，讓自己能夠問出可發掘他人內在的「好問題」。

我想要傾聽更多人的苦惱或糾葛等複雜的心理狀態。方便的話請與我分享你的煩惱。我會在X等待各位的私訊（帳號是@tmt_bass）。

我想透過各種方式與各式各樣的人接觸、多多瞭解他人的煩惱，並且發揮腦筋急轉彎的能力想出解決煩惱的方法。

第二個目標是：使顧客的體驗變得更好。

之前我都將心力投注在商品企劃上，製造則委託外部公司。

也就是採用所謂的OEM（代工生產）手法。

製造與品質管理全交給外部公司負責。

剛開始的時候沒有問題。

然而隨著事業成長，生產數量也逐漸增加，管理無法全面落實，最後導致品質變差，顧客也因此遭受不好的體驗。

如今回想起來，當時的我真是不成熟又失職。

我想要讓自己的顧客享有更好的體驗。

話雖如此，以我的經濟能力來說，要擁有自己的工廠實在困難。

這個問題讓我煩惱了許久，一直在思考自己該怎麼做。

最後我找到的答案，就是**「跟優良製造商攜手合作」**。

這裡的合作不是指「委託製造商生產」，而是指「製造商委託我行銷」。

我有朋友是農夫或傳統工藝師傅，他們遇到行銷或數位轉型的課題時來找我諮詢過幾次。

許多人都有「帶著熱情製作出好東西，卻無法順利賣出去」的煩惱。

他們是製造或品質管理的專家，我則擁有商品企劃與行銷的知識。我想向「能夠製造好東西」的人們提供商品概念企劃或行銷策略，藉由這種方式與他們一起創造概念、行銷、品質都很完美的產品。

因此，我要努力成為行銷專家，除了商品企劃外，也要懂推廣及品牌策略等所有行銷手法。

雖然我沒辦法自行生產，但我想繼續保持對品質與顧客體驗的熱情，也想繼續創造令大家驚豔的概念。

我會繼續摸索，使自己能夠用各種方法創造「更好的事業」。

既然都在出版的書上這麼宣布了，我只能全力以赴了吧……。

言歸正傳。事業的本質，是解決顧客的煩惱。

為了拓展自己可提供的解決方案，不光是D2C事業，我也會挑戰各種不同的事業領域！

只要挖掘出顧客的真正需求，
並且真誠地面對，
就能讓所有人都愉快又滿足。

結語

我與本書的企劃者——事業家bot老師是舊交。

他是我很尊敬的前輩，不僅非常關心我，在我陷入危機時，他也會以嚴厲但正確的話語鼓勵我。

2021年底，事業家bot老師突然聯絡我，問我要不要寫書。

我立刻回答：「雖然搞不清楚是怎麼回事，不過我要寫。」只花了短短5秒就決定要出書。

我很愛看書，一年會看500多本書，因此曾想過「無論是編輯、校對還是企劃都好，真希望這輩子能夠從事一次出版相關工作」，沒想到這麼快就能實現這個願望。

而且自己竟然能夠執筆。

「可以出版自己的著作」固然高興，不過最令我開心的是「能受到自己所尊敬的人的青睞，獲得有限的機會」。

我感到很光榮。

謝謝事業家bot老師。

撰寫本書讓我感覺到，「本書的知識與見解，並不是靠獨自一人產生，而是我從與許多人的關係當中學習到的結晶」。我在過去的人生中遇到了各式各樣的人，這些緣分與挑戰的累積，造就了現在的我與這些想法。

正因為如此，我的內心也很糾結，從那些人際關係當中獲得的想法，真的可以用自己的名字出版嗎？

如果可以的話，我想用所有相關人士的名義出版這本書。

我老實地將這個煩惱告訴行銷的恩師，結果他說「別在意」，支持及鼓勵我出書。

無論以前還是現在，自己所處的環境總是充滿溫情。

就算想要每天將「正因為有周遭的人們，才造就了現在的自己」放在心上，有時還是會不小心忘記。

能夠透過寫作的機會再度想起這件事，真是太好了。

我要向至今給予我協助的所有相關人士、惠賜機會寫這本書的事業家bot老師、責任編輯白戶先生致上謝意。也要感謝恩師A願意栽培當時一無所有的我，以及讀到最後的各位讀者。

察看亞馬遜上各種書籍的銷售頁面會發現，再棒的書都有讀者給予嚴厲的批評。「出書」即是把自己的看法及想法公諸於世，因此我也充分做好會遭到批評的心理準備。

不過，畢竟是自己努力寫出來的書，坦白說還是希望能得到溫和的感想！（笑）方便的話，請在亞馬遜或其他網站的評論欄位留下一句溫暖的話語，這對我來說是很大的鼓勵。

還不夠成熟的我，今後一樣會珍惜所有緣分並且更加精進自己。

未來也請大家多多指教。

Rikopin

解說

經營者／《獲利的祕訣》作者　事業家ｂｏｔ

遇見了未知生命體——這是我與她……與Rikopin初次見面時的第一印象。

當時就讀明治大學的她穿著厚刷毛衣，出現在我主辦的創業家學習會上，開口第一句話就是朝氣勃勃地這麼說：

「我正在賣飛機杯。」

會場頓時瀰漫著「飛機杯，是指那個飛機杯沒錯吧？」這種相當尷尬的氣氛，不過當她介紹完「淫亂覺醒～我想變成『你愛的樣子』～」這個商品名稱後，尷尬的氣氛便轉為笑聲。

看著身穿厚刷毛衣配上細高跟鞋、一身打扮難以形容的她，我興起了想將她——應該說是這個物體——介紹給世人的念頭。

於是，我才會企劃、製作了這本以「賣飛機杯的女大生」為主題，簡單明瞭地完全展現出她的古怪部分，但內容卻是談D2C與行銷的基礎書（請注意，這裡說的基礎不是簡單的意思）。

我認為這本書主要想傳達的訊息是：「我們能藉由體驗極端的事情，從中提取出普遍的洞見」。

實際上她確實不斷挑戰各種古怪的事，例如登上捕鮪船出海捕魚、在街頭做飛機杯的問卷調查還差點遭到逮捕等經驗。

這些經驗，我們這種有常識的普通人很難模仿。

坦白說，無論是在捕鮪船上工作，還是遭到警察關切，都是有常識的普通人不會想去挑戰的經驗吧？

不過，就算不做到那種程度，超乎自己過往常識的經驗也俯拾即是。

舉例來說，即使不是在捕鮪船上工作，而是在漁港打工一天，對住在都市的人而言也是很新鮮的體驗。另外，汽車工廠的約聘工同樣得在封閉的環境裡工作，因此這種體驗說不定也很有意思。

這種藉由實際體驗他人的生活來進行調查的手法，稱為「田野調查」。

田野調查本來是文化人類學的調查手法，藉由實際在叢林裡生活，深入當地社群以瞭解不同文明的生活，如今行銷也採用這種文化人類學的調查手法，美國的調查公司甚至也會僱用文化人類學家進行調查。

她為了賣飛機杯所進行的調查過程，可以說是靠自己摸索到這種文化人類學的調查手法，並且親自實踐。

這本書當然是以「賣東西」的觀點寫成，不過人類這種生物若是過著普通的生活，日子很容易一成不變地過下去。即使為了增添變化而旅行，其實也只是在消費觀光產業累積至今的行銷體驗罷了。

因此，窺探與自己全然不同者的生活，才能真正獲得未知的體驗。

此外，在未知的體驗中發現之前從未注意到的洞見，應該也能夠豐富自己的人生。

希望這本書，能夠促使各位去嘗試未知的體驗。

就像那位賣飛機杯的女大生。

（完）

神山理子（Rikopin）

Riko Kamiyama

1997年出生。畢業於明治大學商學院。20歲時在實習公司擔任音樂媒體的營運負責人，將該媒體拉拔到業界第一後便出售事業。之後在新加坡成立新事業，並將該事業轉為公司化經營。回國後成立D2C飛機杯公司，自行開發的飛機杯登上亞馬遜暢銷榜第四名，後來因為過勞而退出經營。休假第三天又想到了新事業的點子，於是趕緊收假成立自己的第二間公司Hidane（股）。公司成立一年後順利出售，目前正在準備下一項事業。擅長發掘消費者潛在需求、創建概念。偶爾會去當捕鮪船船員。現在是一個孩子的媽。

X：@tmt_bass

國家圖書館出版品預行編目 (CIP) 資料

女大生創業,為什麼要賣飛機杯?/神山理子著;王美娟譯.
-- 初版. -- 臺北市:臺灣東販股份有限公司, 2024.06
192面;14.7×21公分
ISBN 978-626-379-418-4(平裝)

1.CST: 行銷學 2.CST: 行銷策略 3.CST: 行銷傳播

496 113006187

JOSHIDAISEI, ONAHOWO URU : JAPANESE SCHOOLGIRL SELLS ONAHOLES
by Riko Kamiyama

First published in Japan by Jitsugyo no Nihon Sha, Ltd., Tokyo

This Traditional Chinese edition is published by arrangement with Jitsugyo no Nihon Sha, Ltd., Tokyo in care of Tuttle-Mori Agency, Inc., Tokyo

女大生創業，為什麼要賣飛機杯？

2024年6月1日初版第一刷發行

作　　者　神山理子（Rikopin）
譯　　者　王美娟
特約編輯　曾羽辰
美術設計　許麗文
發 行 人　若森稔雄
發 行 所　台灣東販股份有限公司
<地址>台北市南京東路4段130號2F-1
<電話>(02)2577-8878
<傳真>(02)2577-8896
<網址>http://www.tohan.com.tw
郵撥帳號　1405049-4
法律顧問　蕭雄淋律師
總 經 銷　聯合發行股份有限公司
<電話>(02)2917-8022

TOHAN